浙江省精品课程实验教材

绍兴文理学院重点教材

近代物理实验

Modern Physics Experiment

吴海飞　龚恒翔　主编

化学工业出版社

·北京·

内容简介

"近代物理实验"是继"普通物理实验"之后的一门重要的基础实验课,开设目的在于使学生掌握一些综合的、先进的实验方法和技能,加深对相关物理概念和规律的理解,提高实践动手能力,培养科学思维和创新能力。本教材在多年教学实践的基础上,根据物理学专业特色,吸收了物理学前沿科研技术的一些新成果,并把这些成果融入实验项目中。全书共讲解 26 个实验,其中实验一至实验九为基础性实验,包含 9 个实验;实验十至实验十八为综合性实验,包含 9 个实验;实验十九至实验二十六为应用性实验,包含 8 个实验。

本书可作为高等院校物理专业、微电子学专业、材料专业本科生的教学用书,也可供从事实验教学的教师和工程技术人员参考使用。

图书在版编目(CIP)数据

近代物理实验/吴海飞,龚恒翔主编. —北京:
化学工业出版社,2023.6
ISBN 978-7-122-42635-2

Ⅰ.①近… Ⅱ.①吴… ②龚… Ⅲ.①物理学－实验－
高等学校－教材 Ⅳ.①O41-33

中国版本图书馆 CIP 数据核字(2022)第 229062 号

责任编辑:邢启壮　　　　　　　　装帧设计:刘丽华
责任校对:王鹏飞

出版发行:化学工业出版社(北京市东城区青年湖南街 13 号　邮政编码 100011)
印　　装:北京印刷集团有限责任公司
787mm×1092mm　1/16　印张 11½　字数 278 千字　2023 年 6 月北京第 1 版第 1 次印刷

购书咨询:010-64518888　　　　　　售后服务:010-64518899
网　　址:http://www.cip.com.cn
凡购买本书,如有缺损质量问题,本社销售中心负责调换。

定　　价:39.80 元

前言

"近代物理实验"是继"普通物理实验"之后的一门重要的基础实验课，其目的在于使学生掌握一些综合的、先进的实验方法和技能，加深对相关物理概念和规律的理解，培养科学思维和创新能力，获得为国担当、建功立业的信念。

本教材是在总结多年教学实践经验的基础上完成的。在实验项目编排上，全书采用基础性、综合性、应用性三个递进式层次，涉及 26 个实验项目。实验一至实验九为基础性实验，包含 9 个实验；实验十至实验十八为综合性实验，包含 9 个实验；实验十九至实验二十六为应用性实验，包含 8 个实验。实验项目是根据物理实验课程教学改革和建设需要，结合学生实际情况而设置，吸收了物理学前沿科研技术的一些新成果，并把这些成果融入实验项目中。

本书由吴海飞、龚恒翔主编，吴海飞负责进行全书统稿。编写分工如下：龚恒翔（重庆理工大学）编写绪论及实验二、四～八、十四、二十三；吴海飞（绍兴文理学院）编写实验一、三、十～十二、十六、十八、十九、二十四、二十六；窦卫东（绍兴文理学院）编写实验九；杨丁中（绍兴文理学院）编写实验十三、二十、二十一；陈永军（绍兴文理学院）编写实验十五、十七；施碧云（绍兴文理学院）编写实验二十二；谭永胜（绍兴文理学院）编写实验二十五。绍兴文理学院鄢永红教授对本教材进行了审核。本书实验二十三、二十五、二十六需在绍兴文理学院虚拟仿真平台上完成，该平台向全国高校和社会学习者免费开放。如有任何问题和建设，请通过邮箱 wuhaifei@usx.edu.cn 与编者联系。

随着实验教学改革的深入，新技术、新方法、新仪器不断引入物理实验教学，因而书中难免存在不完善和不妥当之处，欢迎各位读者提出宝贵意见。

编　者
2022 年 12 月

目　录

绪　论

　　物理学是一门以实验为基础的科学。物理实验教学是培养合格物理工作者必不可少的教学组成部分。理工科大学生在校期间不少时间是在实验室里度过的，可能存在以下疑问：怎样做好实验；如何科学地利用这些时间，从而收效最大；如何才能从实验中学到有用的技术。下面将从对实验应有正确的认识、做好实验预习和操作环节、写好实验报告三个方面提出几点看法。

一、对实验应有正确的认识

1. 实验在科学发展中的作用

　　实验是打开科学大门的钥匙，科学实验是人们研究自然规律与改造客观世界的"基本手段"，自然科学的研究包括理论与实验两个方面。科学技术发展的历史经验表明：科学实验和科学理论的研究是相互依赖、相互促进、相辅相成的。两者之间的辩证关系，一方面表现为科学实验是发展理论的源泉和检验科学理论的重要标准；另一方面，科学理论又能指导和促进科学实验。著名物理学家海森伯说过："显而易见，不论在哪里，实验方面的研究总是理论认识的必要前提，而且理论方面的主要进展，是在实验结果的压力下而不是依靠思辨来取得的。另一方面，实验结果向前发展的方向，应该总是由理论的途径来实现的。"美籍华裔物理学家黄克孙说："过去的 300 多年里，物理学的伟大成就，是实验和理论密切结合的果实。"

　　实验方法由于其具有的优点，使它成为愈来愈多的人探索自然奥秘和改造自己的一种社会实践活动。在现代科学研究中，实验的手段越来越显示它的重要作用，这在诺贝尔奖的颁发中得到生动的体现。以诺贝尔物理学奖为例，在 1901～1978 年的得奖项目中，属于实验技术或基本从事实验性工作的项目约占 60%，理论性的项目占 40%。下面一个例子又可以使我们认识到实验对理论发展的重要性。牛顿因为地球加速度的测量值同理论值相差约 10% 而推迟 20 年发表他的引力理论，牛顿没有想到，在他的计算中用到的地球半径的实验值误差会达到如此大的程度。

　　诸多例子，不胜枚举。可见实验研究在科学技术的发展中有重要地位和作用。

2. 实验是理工科教学的重要组成部分

　　实验教学是理工科教学极为重要的组成部分，实验教学与理论讲授相配合，有利于学生对物理概念与原理的深入掌握。通过观察实验现象而形成的概念，将是生动的，可能一辈子也不会忘记。实验教学对于培养学生的能力与科学作风是必要的，也是很有效的措施。在实验室这个环境里，学生可以获得科学知识、培养科学兴趣、掌握科学方法和发展科学思维，学生通过实验研究问题、验证理论、导出规律……所以由重视实验到对实验产生兴趣，对做好实验是至关重要的。

3. 实验与科学研究和今后工作的关系

　　有人说，没有实验，就没有现代科学技术，更谈不上什么科学技术的成果。实验教学为科学研究准备必要的技术基础和素养。实验课上进行的训练、动手能力的培养，对从事科研活动和毕业后到社会上工作都是有用的。据统计，理工科学生中 60% 以上毕业后从事实验性工作，而从事理论研究的是少数。由此，一个大学生在校做好实验对今后工作的意义可想而知。

总之，实验研究和理论研究都是科学研究的重要手段。任何轻视实验或轻视理论的思想都是错误的。要做好实验，首先要对实验有正确的认识，像对理论课一样重视，认真对待。在实验课的学习中发挥学习主动性和积极性，变"要我做"为"我要做"，自然会克服困难，做好实验。

二、做好实验的预习和操作环节

1. 做好实验的预习环节

预习是为正式操作做准备，为此需要做到：

（1）认真阅读实验讲义、参考书，事先对实验内容作全面了解。有时还要看仪器的说明书、操作规程及其他参考资料，把实验的基础知识和背景知识搞清楚。弄清该实验的目的、要求、原理、仪器、方法、注意事项和预习问题等。

（2）有条件者到实验室预习，看仪器设备，在教师同意之后试操作。通过预习，明确"做什么、怎么做、为什么做"三个问题。

（3）写预习报告。拟出实验步骤，熟悉观测的内容，把测量的数据表格设计好，列在预习报告上。

2. 做好实验的操作环节

这个环节是指学生进入实验室正式观测和操作。在这个环节里，学生应该在教师的指导下主动地、自觉地、创造性地获取知识和技能。通过实验，探索研究问题的方法，培养细致、踏实、一丝不苟和实事求是的科学态度，以及勇于克服困难、坚忍不拔的工作作风。

（1）认真细致观察。实验是一个综合过程，它是观察、分析、测量、交流、推论五个过程的全部或部分综合。观察是一个感知过程，它通过看、听、触、尝、嗅而直接感知客观事物。在实验中要培养良好的观察习惯，逐步提高观察能力。事实说明，透过现象很快看到本质，准确无误地观察实验的真实情况，不是一件轻而易举的事。有些人对一些异常现象视而不见，听而不闻；而有些人却从中有了新的发现和发明。

（2）掌握"三先三后"的原则。在定量实验中，为了更好地进行观测，最好先观察后测量，先练习后测量，先粗测后细测，此即"三先三后"。

（3）注意"三基"，抓住重点。每门实验课根据教学大纲要求，提出了应着重掌握的基本知识、基本方法和基本技能（称为"三基"），这是需要重点掌握的。应注意把主要精力放在重点内容上。

（4）充分发挥学习的主观能动性。做好实验，教师的主导作用是重要的，但更重要的是学生具有研究问题的主观态度，对实验应细心、有信心、有耐心。要逐步摆脱对教师的过分依赖，改变按实验讲义上的步骤看一步做一步的学习方法；要动脑思考、善于分析。

（5）不要单纯追求数据，要学会分析实验。实验中要学会分析实验，不论数据好坏，都要找出原因。分析实验包括分析实验方法、仪器设备、人的因素、操作技能、测量次数和周围环境对测量结果的影响。当自己的数据结果与指导教师的或别人的数据相差很大时，可能是自己有错，也可能是仪器出了毛病，或有异常现象。这时要检查自己的操作和记录，必要时可重复一下实验。如果毛病出在仪器上，尽量争取自己解决，学会分析和排除故障，实在解决不了，再请教老师。

（6）养成良好的实验习惯。实验室工作的基本素养是逐渐养成的，而且一开始就应注意。例如，记录观测结果应该用记录本，不要随便用纸片，因为纸片极易丢失。记录本上记错了也不能撕掉。记录数据要正确简明，有条有理，自始至终认证对待。如实记下观测数据、简单过程和出现的一切不正常的或自己认为有意义的现象，以便写报告时分析讨论。数据要记在表格中并注明单位。

（7）严格要求，注意安全，遵守规则。要贯彻三个"严"字的要求，即严肃的态度、严格的要求、严密的观测。另外实验室里有电、机械、化学、温度、压力、辐射等可能发生危险的因素，绝不能疏忽大意。为了实验的顺利进行，避免人身事故和损坏仪器，必须注意安全，遵守必要的规章制度。

三、写好实验报告

实验报告是实验的全面总结。写实验报告不是为了交差，而是实验的必然结果。应通过实验报告，恰如其分地评定自己的实验工作。因此写报告应该实事求是，严肃认真，不能敷衍了事，更不能伪造和抄袭。实验结束后应尽早把报告写出，趁热打铁，一气呵成。

（1）应该用实验报告纸书写。文体要端正，字句要简练，用语要确切，图表要按规定格式绘制，一目了然。

（2）实验报告包括题目名称、目的、原理摘要或计算公式、仪器设备及编号、简图、实验步骤、观测和数据记录、数据处理、结论、问题回答及讨论等。

（3）实验报告上要有实验的分析讨论，这是培养分析能力的重要方面。实验后可供讨论的内容很多，例如：

① 实验的原理、方法、仪器感觉掌握了没有？实验的目的是否达到？

② 有哪些误差来源？哪些是主要的，哪些是次要的？系统误差表现在哪里？如何减少或消除？

③ 怎样改进测量方法或装置？实验步骤怎样安排更好？

④ 观察到什么异常现象？如何解释？遇到什么困难？如何克服？

⑤ 测量结果是否满意？误差是否在允许范围内？如实验结果不好，是何原因？

⑥ 该实验对进一步加深和巩固理论知识有何帮助？实验涉及的原理、方法有何使用价值？

（4）误差计算、作图、有效数字运用要符合要求，这是基本素养的重要方面。作图一定要用坐标纸。作图不仅具有简明直观的特点，而且是求很多量的有用方法，需要逐步掌握。

从某种意义上来说，实验报告是论文的前奏，有的实验报告本身就是一篇小论文。写实验报告对于写论文和技术报告有很大帮助。

第一篇
基础性实验

实验一　多普勒效应实验

❖ 背景介绍

当波源和观察者（或接收器）之间发生相对运动，或者波源和观察者不动而传播介质运动时，或者波源、观察者和传播介质都在运动时，观察者接收到的波的频率和发出的波的频率不相同的现象，称为多普勒效应。

多普勒效应在核物理、天文学、工程技术、交通管理、医疗诊断等方面有十分广泛的应用，如用于卫星测速、光谱仪、多普勒雷达、多普勒彩色超声诊断仪等。

❖ 实验原理

一、声波的多普勒效应

设声源在原点，声源振动频率为 f，接收点在 x，运动和传播都在 x 方向。对于三维情况，处理稍复杂一点，其结果相似。声源、接收器和传播介质不动时，在 x 方向传播的声波的数学表达式为：

$$p = p_0 \cos\left(\omega t - \frac{\omega}{c_0} x\right) \tag{1-1}$$

1. 声源运动速度为 v_s，介质和接收点不动

设声速为 c_0，在时刻 t，声源移动的距离为

$$v_s(t - x/c_0)$$

因而声源实际的距离为

$$x = x_0 - v_s(t - x/c_0)$$

则

$$x = (x_0 - v_s t)/(1 - M_s) \tag{1-2}$$

式中，$M_s = v_s/c_0$，为声源运动的马赫数。声源向接收点运动时，v_s（或 M_s）为正，反之为负，将式（1-2）代入式（1-1）：

$$p = p_0 \cos\left[\frac{\omega}{1 - M_s}\left(t - \frac{x_0}{c_0}\right)\right]$$

可见接收器接收到的频率变为原来的 $\dfrac{1}{1-M_s}$，即：

$$f_s = \frac{f}{1-M_s} \tag{1-3}$$

2. 声源、介质不动，接收器运动速度为 v_r

同理可得接收器接收到的频率：

$$f_r = (1+M_r)f = \left(1+\frac{v_r}{c_0}\right)f \tag{1-4}$$

式中，$M_r = \dfrac{v_r}{c_0}$，为接收器运动的马赫数。接收点向着声源运动时，v_r（或 M_r）为正，反之为负。

3. 介质不动，声源运动速度为 v_s，接收器运动速度为 v_r

可得接收器接收到的频率：

$$f_{rs} = \frac{1+M_r}{1-M_s}f \tag{1-5}$$

4. 介质运动，介质运动速度为 v_m

得

$$x = x_0 - v_m t$$

根据式（1-1）可得：

$$p = p_0 \cos\left[(1+M_m)\omega t - \frac{\omega}{c_0}x_0\right] \tag{1-6}$$

式中，$M_m = v_m/c_0$，为介质运动的马赫数。介质向着接收点运动时，v_m（或 M_m）为正，反之为负。可见若声源和接收器不动，则接收器接收到的频率：

$$f_m = (1+M_m)f \tag{1-7}$$

还可看出，若声源和介质一起运动，则频率不变。

为了简单起见，本实验只研究第 2 种情况：声源、介质不动，接收器运动速度为 v_r。根据式（1-4）可知，改变 v_r 就可得到不同的 f_r 以及不同的 $\Delta f = f_r - f$，从而验证了多普勒效应。另外，若已知 v_1、f，并测出 f_r，则可算出声速 c_0，可将用多普勒频移测得的声速值与用时差法测得的声速作比较。若将仪器的超声换能器用作速度传感器，就可用多普勒效应来研究物体的运动状态。

二、声速的几种测量原理

1. 超声波与压电陶瓷换能器

机械振动在弹性介质中传播形成机械波，频率为 20 Hz～20 kHz 的机械波称为声波，高于 20 kHz 称为超声波。超声波的传播速度就是声波的传播速度，而超声波具有波长短、易于定向发射等优点。声速实验所采用的声波频率一般都在 20～60 kHz 之间，在此频率范围内，采用压电陶瓷换能器作为声波的发射器、接收器效果最佳。

压电陶瓷换能器根据它的工作方式，分为纵向（振动）换能器、径向（振动）换能器及弯曲振动换能器。声速教学实验中大多数采用纵向换能器，图 1-1 为纵向换能器的结构简图。

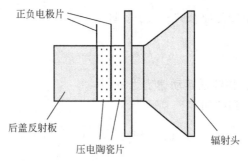

正负电极片

后盖反射板

压电陶瓷片

辐射头

图 1-1 纵向换能器的结构简图

2. 共振干涉法（驻波法）测量声速

假设在无限声场中，仅有一个点声源换能器（发射换能器 1）和一个接收平面（接收换能器 2）。当点声源发出声波后，在此声场中只有一个反射面（即接收换能器平面），并且只产生一次反射。

在上述假设条件下，发射波 $\xi_1 = A_1\cos(\omega t + 2\pi x/\lambda)$。在 S_2 处产生反射，反射波 $\xi_2 = A_2\cos(\omega t - 2\pi x/\lambda)$，信号相位与 ξ_1 相反，幅度 $A_2 < A_1$。ξ_1 与 ξ_2 在反射平面相交叠加，合成波束 ξ_3，即

$$\xi_3 = \xi_1 + \xi_2 = A_1\cos(\omega t + 2\pi x/\lambda) + A_2\cos(\omega t - 2\pi x/\lambda)$$
$$= A_1\cos(\omega t + 2\pi x/\lambda) + A_1\cos(\omega t - 2\pi x/\lambda) + (A_2 - A_1)\cos(\omega t - 2\pi x/\lambda)$$
$$= 2A_1\cos(2\pi x/\lambda)\cos\omega t + (A_2 - A_1)\cos(\omega t - 2\pi x/\lambda)$$

由此可见，合成后的波束 ξ_3 在幅度上具有随 $\cos(2\pi x/\lambda)$ 呈周期变化的特性，在相位上具有随 $(2\pi x/\lambda)$ 呈周期变化的特性。另外，由于反射波幅度小于发射波，合成波的幅度即使在波节处也不为 0，而是按 $(A_2 - A_1)\cos(\omega t - 2\pi x/\lambda)$ 变化。图 1-2 所示波形显示了叠加后的声波幅度随距离按 $\cos(2\pi x/\lambda)$ 变化的特征。

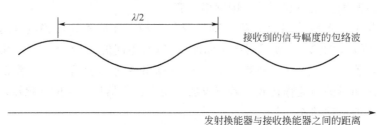

$\lambda/2$

接收到的信号幅度的包络波

发射换能器与接收换能器之间的距离

图 1-2 换能器间距与合成幅度

实验装置如图 1-3 所示，图中 1 和 2 为压电陶瓷换能器。换能器 1 作为声波发射器，由逆压电效应将交流电信号转换成平面超声波；而 2 则作为声波的接收器，压电效应将接收到的声压转换成电压信号，将它输入示波器，就可看到一组由声压信号产生的正弦波形。由于换能器 2 在接收声波的同时还能反射一部分超声波，接收的声波、发射的声波振幅虽有差异，但二者周期相同且在同一线上沿相反方向传播，二者在换能器 1 和 2 区域内产生了波的干涉，形成驻波。在示波器上观察到的实际上是这两个相干波合成后在声波接收器（换能器 2）处的振动情况。移动换能器 2 位置（即改变换能器 1 和 2 之间的距离），从示波器显示上会发现，换能器 2 在某位置时振幅有最大值。根据波的干涉理论可以知道：任何两个相邻的振幅最大值的位置之间（或两个相邻的振幅最小值的位置之间）的距离均为 $\lambda/2$。为了测量

声波的波长，可以在一边观察示波器上声压振幅值的同时，缓慢地改变换能器 1 和 2 之间的距离。示波器上就可以看到声振动幅值不断地由最大变到最小再变到最大，两个相邻的最大振幅之间的距离为 $\lambda/2$；换能器 2 移动过的距离亦为 $\lambda/2$。换能器 2 至 1 之间的距离的改变可通过转动同步齿轮来实现，而超声波的频率又可由测试仪直接读出。

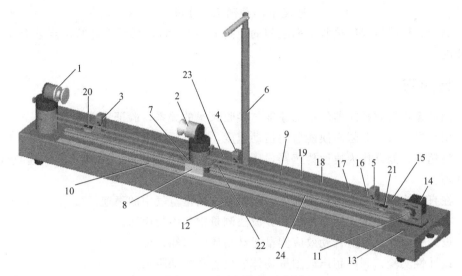

图 1-3　测试架结构示意图

1—发射换能器；2—接收换能器；3，5—左右限位保护光电门；4—测速光电门；6—接收线支撑杆；7—小车；
8—游标；9—同步带；10—标尺；11—同步齿轮；12—底座；13—复位开关；14—步进电机；15—电机开关；
16—电机控制；17—限位；18—光电门Ⅱ；19—光电门Ⅰ；20—左行程开关；21—右行程开关；
22—行程撞块；23—挡光板；24—运动导轨

　　在连续多次测量相隔半波长的位置变化及声波频率 f 以后，可运用测量数据计算出声速，用逐差法处理测量的数据。

3. 相位法测量原理

　　由前述可知，入射波 ξ_1 与反射波 ξ_2 叠加，形成波束 $\xi_3 = 2A_1\cos(2\pi x/\lambda)\cos\omega t + (A_2 - A_1)\cos(\omega t - 2\pi x/\lambda)$。相对于发射波束 $\xi_1 = A\cos(\omega t + 2\pi x/\lambda)$ 来说，在经过 Δx 距离后，接收到的余弦波与原来位置处的相位差（相移）为 $\theta = 2\pi\Delta x/\lambda$。由此可见，在经过 Δx 距离后，接收到的余弦波与原来位置处的相位差（相移）为 $\theta = 2\pi\Delta x/\lambda$，如图 1-4 所示。因此能通过示波器，用李萨如图形观察测出声波的波长。

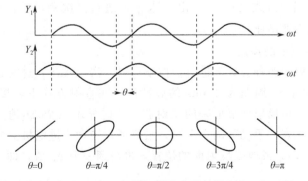

图 1-4　用李萨如图形观察相位变化

4. 时差法测量原理

连续波经脉冲调制后由发射换能器发射至被测介质中，声波在介质中传播，经过 t 时间后，到达 L 距离处的接收换能器。由运动定律可知，声波在介质中传播的速度可由以下公式求出：

$$速度\ v = 距离\ L\ /\ 时间\ t$$

通过测量二换能器发射接收平面之间的距离 L 和时间 t，就可以计算出当前介质下的声波传播速度。

🎓 实验内容

（1）测量超声接收换能器的运动速度与接收频率的关系，验证多普勒效应。

（2）用步进电机控制超声换能器的运动速度，通过测频求出空气中的声速。

（3）将超声换能器作为速度传感器，用于研究匀速直线运动、匀加（减）速直线运动、简谐振动等。

（4）在直射式和反射式两种情况下，用时差法测量空气中的声速。

（5）在直射式方式下，用相位法和驻波法测量空气中的声速。

（6）设计性实验：用多普勒效应测量运动物体的未知速度。

（7）设计性实验：利用超声波测量物体的位置及移动距离。

⚙️ 实验步骤

1. 验证多普勒效应

调节换能器的谐振频率。小车不启动，接收端"波形"输出接示波器（先不接外部频率计），把"发射强度"和"接收增益"电位器旋到最大，通过键盘设定正弦波的频率，观察到接收波形幅度最大时，表示调谐成功。此时把外部频率计接到接收端"波形"输出端，测量的频率将与设定的频率一致。

给小车一个速度，外部频率计测得的频率将会改变；不同的速度，外部频率计测量的频率将不同。低速运行时，频率计的采样频率可以设定为 1s；速度过高时，频率计的采样频率可以设定为 0.1s；具体以在小车运行过程中能够读到一段稳定的频率测量值为好。

改变小车速度，反复多次测量，可作出 $\overline{f}$-$\overline{v}$ 或 $\Delta\overline{f}$-$\overline{v}$ 关系曲线。

改变小车的运动方向，再改变小车速度，反复多次测量，作出 $\overline{f}$-$\overline{v}$ 或 $\Delta\overline{f}$-$\overline{v}$ 关系曲线。

2. 用多普勒效应测声速

测量步骤和 1 相同，由式（1-4）求出声速 c_0。进行多次测量后，求出声速的平均值，并与由时差法测出的声速做比较。

3. 用时差法测空气中的声速

可在直射式和反射式两种方式下进行。按下"时差法"按钮，这时超声发射换能器发出 $75\mu s$ 宽（填充 3 个脉冲）、周期为 30 ms 的脉冲波。在直射方式下，接收换能器接收直达波，在反射方式下接收由反射面反射来的反射波，这时显示一个 Δt 值，即 Δt_1；用步进电机或用手移动小车（注意：手动移动小车时，最好通过转动步进电机上的滚花帽使小车缓慢移动，以减小实验误差），或改变反射面的位置，再得到一个 Δt 值，即 Δt_2，从而算出声速值 c_0，$c_0 = \dfrac{\Delta x}{\Delta t_2 - \Delta t_1}$，其中 Δx 为小车移动的距离（可以直接从标尺上读出或参考控制器中显示的距离）或为反射法时前后两次经过反射面的声程差。

反射法测量声速时，反射屏要远离两换能器，调整两换能器之间的距离、两换能器和反射屏之间的夹角 θ 以及垂直距离 L，如图1-5所示，使数字示波器（双踪，由脉冲波触发）接收到稳定波形；利用数字示波器观察波形，通过调节示波器使接收波形的某一波头 b_n 的波峰处在一个容易辨识的时间轴位置上，然后向前或向后水平调节反射屏的位置，使之移动 ΔL，记下此时示波器中先前那个波头 b_n 在时间轴上移动的时间 Δt，如图1-6所示，从而得出声速值 c_0，$c_0 = \dfrac{\Delta x}{\Delta t} = \dfrac{2\Delta L}{\Delta t \sin\theta}$。

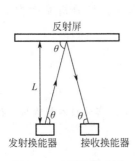

图 1-5 反射法测声速

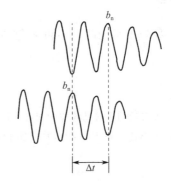

图 1-6 接收波形

用数字示波器测量时间同样适用于直射式测量，而且可以使测量范围增大。

重复上述实验，得到多个声速值，最后求出声速的平均值，再与多普勒效应得到的声速值及如下的理论值相比较：$c_0 = 331.45\sqrt{1 + \dfrac{T}{273.16}}$ （m/s），式中 T 为室温，单位为℃。

注：Δx 内慢慢移动换能器，时间值 t 是连续变化的，在这种情况下测量得到的误差最小。

4. 用驻波法和相位法测定空气中声速

这时应进入"多普勒效应实验"画面，设置源频率，同时用示波器观察波形，应使接收波幅达到最大值。通过转动步进电机上的滚花帽，使小车缓慢移动来改变换能器位置。

用驻波法测量时，逐渐移动小车的距离，同时观察接收波的幅值，找出相邻两个振幅最大值（或最小值）之间的距离差，此距离差为 $\lambda/2$，λ 为声波的波长。通过 λ 和声波的频率 f 即可算出声速 c_0：$c_0 = \lambda f$。

用相位法测量时，示波器在 xy 方式下观察反射波和接收波的李萨如图形，调节小车位置，观察到一斜线，再慢慢向一个方向移动小车，观察到同一方向的斜线时，记下距离差，此距离差即为声波波长 λ，已知声波频率 f，即可算出声速 $c_0 = \lambda f$。

5. 设计性实验：用多普勒效应测量运动物体的未知速度

实验者根据实验内容1结果，结合智能运动系统，设计一个用多普勒效应测量运动物体的未知速度的实验方案，包括原理、步骤和结果等。

6. 设计性实验：利用超声波测量物体的位置及移动距离

实验者根据实验内容4中关于时差法测声速的原理，结合智能运动控制系统及导轨标尺，设计一个用超声波测量物体的位置及移动距离的实验方案，包括原理、步骤、系统误差的处理和结果等。

💡 实验注意事项

（1）仪器安装时要尽量保证红外接收器、小车上的红外发射器和超声接收器、超声发射器在同一轴线上，以保证信号传输良好。

（2）安装时不可挤压连接电缆，以免导线折断。

（3）调谐及进行实验时，须保证超声发射器和接收器之间无任何阻挡物。

（4）小车速度不可太快，以防小车脱轨跌落损坏。

✏️ 思考题

小车在导轨上运动时，不可避免地会受到摩擦力的作用，试分析摩擦力对实验结果的影响。

参考文献

[1] 刘战存. 多普勒和多普勒效应的起源 [J]. 物理，2003，32（07）.

[2] 李卓凡，王小怀. 超声多普勒效应实验装置的设计与应用 [J]. 实验技术与管理，2011，28（8）：60-63.

实验二　密立根油滴实验

⚙ 背景介绍

美国物理学家密立根从 $1909 \sim 1917$ 年所做的测量微小油滴所带电荷的实验，叫作密立根油滴实验。该实验非常有名，是物理实验的典范。通过该实验，密立根精确测定了电子的电荷数值，直接验证了电荷的不连续性，此结论在物理学发展上具有重要的意义。密立根油滴实验原理、设备简单，方法简便且直观有效，结论具有说服力，是启发性实验的代表作，其设计思想有很多值得学习、借鉴的地方。

▤ 实验目的

（1）掌握密立根油滴实验的原理与数据处理方法。
（2）使用 CCD 微机密立根油滴仪测量得到电子电荷。
（3）了解 CCD 图像传感器的原理与应用。

🐒 实验仪器

本实验采用的 CCD 油滴仪，由油滴盒、CCD 电视显微镜、电路箱、监视器构成，见图 2-1。

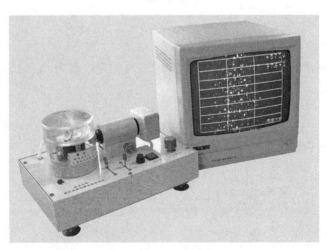

图 2-1　CCD 油滴仪

🌱 实验原理

假设有一个质量 m、带电量 q 的油滴处于两平行板之间。板间不存在电场时，油滴在重力作用下加速下降。考虑到空气阻力的影响，油滴在下降一定的距离后，开始匀速运动，速度为 v_g。如果不计空气对油滴的浮力，重力与阻力平衡，这里的阻力为黏滞阻力，服从斯托克斯定律，即：

$$mg = 6\pi a \eta v_g = f_r \tag{2-1}$$

式中，η 为空气黏滞系数；a 为油滴半径。

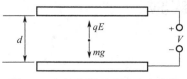

图 2-2　电场作用下油滴受力分析

小油滴是带电体，会受到电场作用，如果在极板间加方向向下的电场，电场力方向与重力方向相反，见图 2-2。假定电场力大于重力，那么在合力作用下油滴将向上加速运动，经过足够的时间，达到速度为 v_e 的匀速运动状态。仍然不考虑空气浮力的影响，那么这里的力平衡关系是：

$$6\pi a \eta v_e = qE - mg \tag{2-2}$$

使用板间匀强电场假定，则 $E = V/d$，上面各式联立，得到电子电荷是：

$$q = mg\,\frac{d}{V}\left(\frac{v_g + v_e}{v_g}\right) \tag{2-3}$$

从上式可知，为了得到电荷电量，需要知道板间电压、板间距、上升速度和下降速度、油滴质量 m。对油滴作球形近似，油滴质量与油滴半径和油密度的关系为：

$$m = \frac{4}{3}\pi a^3 \rho \tag{2-4}$$

根据式（2-1）、式（2-4），油滴半径是：

$$a = \left(\frac{9\eta v_g}{2\rho g}\right)^{\frac{1}{2}} \tag{2-5}$$

实验中油滴的半径很小，所以其周围的空气介质不能看作是连续的，因此空气的黏滞系数必须进行必要的修正：

$$\eta' = \frac{\eta}{1 + \dfrac{b}{pa}} \tag{2-6}$$

式中，b 为修正常数；p 为空气压强。

假定实验中观测油滴匀速上升和匀速下降的距离相等，都为 l，匀速上升、下降的时间分别是 t_e、t_g，满足：

$$v_g = \frac{l}{t_g}, \qquad v_e = \frac{l}{t_e} \tag{2-7}$$

可以得到油滴电荷的另外一个表达式：

$$q = \frac{18\pi}{\sqrt{2\rho g}}\left(\frac{\eta l}{1 + \dfrac{b}{pa}}\right)^{\frac{3}{2}} \frac{d}{V}\left(\frac{1}{t_e} + \frac{1}{t_g}\right)\left(\frac{1}{t_g}\right)^{\frac{1}{2}} \tag{2-8}$$

令常数 K 为：

$$K = \frac{18\pi}{\sqrt{2\rho g}}\left(\frac{\eta l}{1 + \dfrac{b}{pa}}\right)^{\frac{3}{2}} d \tag{2-9}$$

电量 q 为：

$$q = K\,\frac{1}{V}\left(\frac{1}{t_e} + \frac{1}{t_g}\right)\left(\frac{1}{t_g}\right)^{\frac{1}{2}} \tag{2-10}$$

这是动态（非平衡）法测量油滴电荷的公式。

油滴电荷还可以通过静态法测量，其相关公式推导如下：

调节板间电压，使得油滴保持不动，即 $v_e = 0$，$t_e \rightarrow \infty$，根据式（2-10）可以得到：

$$q = K \frac{1}{V} \left(\frac{1}{t_g} \right)^{\frac{3}{2}} \tag{2-11}$$

这就是静态法测油滴电荷的公式。

为了求出电子电荷 e，对实验测得的各个电荷 q_i 求出最大公约数，就是基本电荷 e 的值。也可以测量同一个液滴所带电荷数量的改变 Δq_i（通过紫外线或者放射源照射油滴，使得其电量改变）。此时的电荷改变量是某一个最小单位的整数倍，这个最小单位就是基本电荷 e。

实验内容

（1）测量油滴电荷。

（2）计算基本电量。

实验步骤

（1）连接设备，保证连线稳固、可靠。

（2）调节仪器底座的三只调节手轮，确保设备水平。

（3）照明光路不需要调节，CCD 显微镜对焦也不需要调焦，只需将显微镜前端和底座前端对齐，然后喷油后前后稍稍调节即可。在使用中，前后调节范围不要过大，取前后调焦 1 mm 内的油滴较好。

（4）打开监视器和油滴仪电源，在监视器上出现厂家标识，5 s 后自动进入测量状态，显示出标准分划板及电压值、时间值。如果开机后屏幕上的字很乱或者重叠，先关掉油滴仪电源，过几分钟再开机。

（5）喷油时喷头不要深入喷油孔内，防止大颗粒油滴塞堵油孔。

（6）在实际测量前，先反复进行几次测量，熟悉油滴的运动与控制，通常选择平衡电压 200～300 V，匀速下落 1.5 mm 的时间在 8～20 s 左右的油滴较适宜。喷油后，将 K_2 调到平衡挡，调节使得板极电压达到 200～300 V，注意几个缓慢运动、较为清晰明亮的油滴。将 K_2 置零，观察各颗粒下落的大致速度，从中选择一个作为测量对象。对于实验中使用的监视器，目视油滴直径在 0.5～1 mm 左右的较为适宜。过小的油滴观察困难，布朗运动明显，会引入较大的测量误差。

（7）观察油滴是否平衡要有足够的耐心，用 K_2 将油滴移动到某条刻度线上，仔细调节平衡电压，这样反复操作几次，经过一段时间观察油滴确实不再移动才可以认为是平衡了。

（8）测准油滴上升或者下降某距离所需的时间，一是要统一油滴到达刻度线什么位置开始读数，二是眼睛要平视刻度线，不要有夹角。反复练习几次，使得测出的各次时间的离散性较小。

实验数据处理

1. 计算电荷值 q

将实验数据填至表 2-1，并将实验数据代入式（2-10）中，算出 q 值。

表 2-1 电荷值 q 数据采集及计算表　　　　　$p=$ _____ Pa，$T=$ _____ ℃

项目	油滴1	油滴2	油滴3	油滴4	油滴5	油滴6	油滴7	油滴8	油滴9	油滴10
下降时间 t_1/s										
下降时间 t_2/s										
下降时间 t_3/s										
下降时间 t_4/s										
下降时间 t_5/s										
平均时间 t/s										
电压/V										
$q/\times10^{-19}\text{C}$										

由式（2-5）可得：

$$a=\sqrt{\frac{9\eta l}{2\rho g t_g}} \tag{2-12}$$

各参数的取值为：油密度 $\rho=981\ \text{kg/m}^3$（20℃）；重力加速度 $g=9.79\ \text{m/s}^2$；空气黏滞系数 $\eta=1.83\times10^{-5}\ \text{kg/(m·s)}$；油滴匀速下降距离 $l=1.5\times10^{-3}\ \text{m}$；修正系数 $b=6.17\times10^{-6}\ \text{m·cmHg}$（1 cmHg=1333.224 Pa）；大气压 $p=76.0\ \text{cmHg}$；板间距 $d=5.00\times10^{-3}\ \text{m}$。

2. 分析各 q 值中所包含的基本电荷的数目 n

将表 2-1 中的 q 值进行分组，将数据相近（数值相差在 1×10^{-19} C 内）的电荷归并到一组（此步也可用作图法完成，以电量大小为坐标，作直线图后，比较分组）并求其平均值，将实验数据填至表 2-2。

表 2-2 q 值数据分组表

组数					
$\bar{q}/\times10^{-19}$ C					

找出表 2-2 中最小的 q 值和每个相邻组间 q 的差值的最小值。由于基本电荷值不能大于表 2-2 中的 q 的最小值，也不能大于相邻 q 值之差的最小值。找出几个相邻 q 值之差值，并以其最小值的平均值为基本电荷的粗略估计值 e。

用粗略估计值 e 除表 2-2 中各 q 值，得出估算值 n_0，并进一步求得 n_0 的最近整数 n，此整数即是各 q 值中所包含的基本电荷的数目，将实验数据填至表 2-3。

表 2-3 求各油滴所包含的基本电荷数目表

油滴顺序	1	2	3	4	5	6	7	8	9	10
$q/\times10^{-19}$ C										
n_0										
所带基本电荷数 n										

思考题

（1）对实验结果造成影响的主要因素有哪些？

（2）如何判断油滴盒内部平行板是否水平？水平度不好对实验结果有什么影响？

（3）用 CCD 成像系统观察油滴比直接从显微镜中观察有什么优点？

（4）密立根油滴实验最大的特色是什么？

（5）是否可以用固体小尘埃代替油滴来进行上述实验？为什么？

参考文献

[1] 王广涛，陈健，魏建宇，等. 密立根油滴实验数据的处理方法 [J]. 物理实验，2004，24（12）：22-24.

[2] 谭鹏，李斌. 密立根油滴实验中油滴选取原则的理论分析 [J]. 佛山科学技术学院学报（自然科学版），2005，23（3）：5-7.

[3] 王延锋. 密立根油滴实验历史评价中的哲学背景分析 [J]. 自然辩证法通讯，2014，36（2）：1-6.

实验三　普朗克常数测定

✿ 背景介绍

在光的照射下，某些物质内部的电子会被光子激发出来而形成电流，即光生电，这种现象称为光电效应。逸出的电子称为光子，在光电效应中，光显示出它的粒子性质，所以这种现象对认识入射光的本质，具有极为重要的意义。光电现象由德国物理学家赫兹于 1887 年发现，而正确的解释由爱因斯坦提出。

1905 年，爱因斯坦发展了辐射能量 E 以 $h\nu$（ν 是光的频率）为不连续的最小单位的量子化思想，成功地解释了光电效应的发生机制。1916 年，密立根用光电效应测量了普朗克常数 h，确定了光量子能量方程。今天，光电效应已经广泛地运用于现代科学技术的各个领域。光电器件已成为光电自动控制、微弱光信号检测等技术中不可缺少的组成部分。

▤ 实验目的

（1）了解光的量子性、光电效应的规律，加深对光的量子性的理解。
（2）验证爱因斯坦光电效应方程，并测定普朗克常数 h。
（3）学习用作图法处理数据。

✿ 实验原理

光电效应实验原理如图 3-1 所示。其中 S 为真空光电管，K 为阴极，A 为阳极。当没有光线照射阴极时，由于阳极与阴极是断路，所以检流计 G 中没有电流流过，指针没有偏转；当用一波长较短的单色光照射阴极 K 时，两极间形成光电流，检流计指针发生偏转。光电流随加速电位差 U 变化的伏安特性曲线如图 3-2 所示。

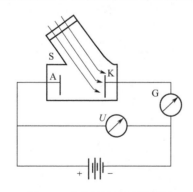

图 3-1　光电效应实验原理图

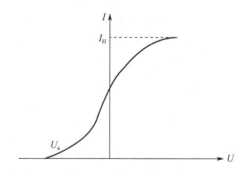

图 3-2　光电管的伏安特性曲线

1. 光电流与入射光发光强度的关系

光电流随加速电位差 U 的增加而增加，加速电位差增加到一定量值后，光电流达到饱和值 I_H，饱和电流与发光强度成正比，而与入射光的频率无关。当 $U = U_A - U_K$ 变成负值时，光电流迅速减小。实验指出，有一个遏止电位差 U_a 存在，当电位差达到这个值时，光电流为零。

2. 光电子的初动能与入射光频率之间的关系

光电子从阴极逸出时，具有初动能，在减速电压下，光电子逆着电场力方向由 K 极向 A 极运动，当 $U=U_a$ 时，光电子不再能达到 A 极，光电流为零，所以电子的初动能等于它克服电场力所做的功，即

$$\frac{1}{2}mv^2=eU_a \tag{3-1}$$

根据爱因斯坦关于光的本性的假设，光是一粒一粒运动着的粒子流，这些光粒子称为光子。每一光子的能量为 $E=h\nu$，其中 h 为普朗克常量、ν 为光波的频率，所以不同频率的光波对应光子的能量不同。光电子吸收了光子的能量 $h\nu$ 之后，一部分消耗于克服电子的逸出功 A，另一部分转换为电子动能，由能量守恒定律可知

$$h\nu=\frac{1}{2}mv^2+A \tag{3-2}$$

式（3-2）称为爱因斯坦光电效应方程。由此可见，光电子的初动能与入射光频率 ν 呈线性关系，而与入射光的强度无关。

3. 光电效应有光电阈存在

实验指出，当光的频率 $\nu<\nu_0$ 时，无论用多强的光照射物质都不会产生光电效应。根据式（3-2），$\nu_0=\dfrac{A}{h}$，ν_0 称为红限。

爱因斯坦光电效应方程同时提供了测普朗克常数的一种方法。由式（3-1）和式（3-2）可得：$h\nu=e|U_0|+A$。当用不同频率（ν_1、ν_2、$\nu_3\cdots\nu_n$）的单色光分别作光源时，就有

$$h\nu_1=e|U_1|+A$$
$$h\nu_2=e|U_2|+A$$
$$\cdots\cdots$$
$$h\nu_n=e|U_n|+A$$

任意联立其中两个方程就可得到：

$$h-\frac{e(U_i-U_j)}{\nu_i-\nu_j} \tag{3-3}$$

由此，若测定了两个不同频率的单色光所对应的遏止电位差即可算出普朗克常数 h，也可由 ν-U 直线的斜率求出 h。

实验仪器

本实验采用 DH-GD-5 型微机型普朗克常数测试仪，仪器整体结构如图 3-3 所示。

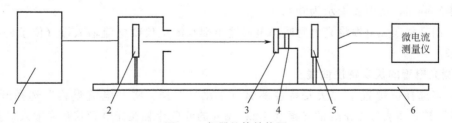

图 3-3 仪器整体结构图

1—汞灯电源；2—汞灯；3—滤光片；4—光阑；5—光电管；6—基准平台

1. 汞灯

用汞灯做光源，配以专用镇流器，光谱范围为 320.3～872.0 nm，可用谱线为 365.0 nm、404.7 nm、435.8 nm、546.1 nm、578.0 nm 五条强谱线。

2. 滤光片

滤光片的主要指标是半宽度和透过率。透过某种谱线的滤光片不允许其附近的谱线透过。汞灯发出的可见光中，强度较大的谱线有 5 条，仪器配以上述相应的 5 种滤光片。

3. 光电管

采用测 h 专用光电管，由于采用了特殊结构，使光不能直接照射到阳极，由阴极反射照到阳极的光也很少，加上采用新型的阴、阳极材料及制造工艺，使得阳极反向电流大大降低，暗电流也很低（$\leqslant 2 \times 10^{-12}$ A）。

4. 微电流测量仪

在微电流测量中采用了高精度集成电路构成的电流放大器，对测量回路而言，放大器近似于理想电流表，对测量回路无影响，使测量仪器有高灵敏度（电流测量范围 $10^{-13} \sim 10^{-8}$ A）、高稳定性（零漂小于满刻度的 0.2%），从而使测量精度、准确度大大提高。测量结果由 $3\frac{1}{2}$ 位 LED 显示。

5. 光电管工作电流

普朗克常数测试仪提供了两组光电管工作电源（$-2.00 \sim +2.00$ V，$-2.00 \sim +30.00$ V），连续可调，精度为 0.1%，最小分辨率 0.01 V，电压值由三位半 LED 显示。

📖 实验内容

（1）测光电管的伏安特性曲线。
（2）验证光电管的饱和光电流和入射光发光强度成正比。
（3）测普朗克常数。

⚙ 实验步骤

1. 测试前准备

（1）将测试仪及汞灯电源接通，预热 20 min。

（2）把汞灯及光电管暗箱遮光盖盖上，将汞灯暗箱光输出口对准光电管暗箱光束入口，调整光电管与汞灯距离约为 40 cm 并保持不变。

（3）用专用连接线将光电管暗箱电压输入端、预测试仪电压输出端（位于后面板上）连接起来（红连红，蓝接蓝）。

（4）将"电流量程"选择开关置于所选挡位，仪器在充分预热后，进行测试前调零，旋转"调零"旋钮，使电流指示为 000.0。

（5）用高频匹配电缆将光电管暗箱电流输出端与测试仪微电流输入端（位于后面板上）连接起来。

2. 测光电管的伏安特性曲线

（1）将选择按键置于"伏安特性测试（手动）"挡；将"电流量程"选择开关置于"10^{-11} A"挡；将直径 2 mm 的光阑及 435.8 nm 的滤色片装在光电管暗箱光输入口上。

（2）从低到高调节电压，记录电流从零到非零点所对应的电压值，作 I-U_{AK} 关系曲线图。

（3）在 U_{AK} 为 30 V 时，将"电流量程"选择开关置于"10^{-10} A"挡，记录光阑分别为 2 mm、4 mm、8 mm 时对应的电流值，作 I_M-P 关系曲线图。

（4）换上直径 4 mm 的光阑及 546.1 nm 的滤色片，重复（2）和（3）步骤。

3. 测普朗克常数 h

（1）将选择按键置于"截止电压测试（手动）"挡；将"电流量程"选择开关置于"10^{-12} A"挡，将测试仪电流输入电缆断开，调零后重新接上；将直径 4 mm 的光阑及 365.0 nm 的滤色片装在光电管暗箱光输入口上。

（2）从低到高调节电压，测量该波长对应的截止电压 U_0，并记录数据，作 U_0-ν 关系曲线。

（3）依次换上 404.7 nm、435.8 nm、546.1 nm、578.0 nm 的滤色片，重复（1）和（2）步骤。

（4）数据处理，求出斜率 k 后，可用 $h = ek$ 求出普朗克常数，并与 h 的公认值 h_0 比较，求出相对误差 $\delta = \dfrac{h - h_0}{h_0}$，式中，$e = 1.602 \times 10^{-19}$ C，$h_0 = 6.626 \times 10^{-34}$ J·s。

🔬 实验数据处理

可用以下三种方法之一处理实验数据，得出 U_0-ν 直线的斜率 k。

（1）根据线性回归理论，U_0-ν 直线的斜率 k 的最佳拟合值为：

$$k = \frac{\overline{\nu}\,\overline{U_0} - \overline{\nu U_0}}{\overline{\nu}^2 - \overline{\nu^2}}$$

其中：

$\overline{\nu} = \dfrac{1}{n} \sum\limits_{i=1}^{n} \nu_i$，表示频率 ν 的平均值；

$\overline{\nu^2} = \dfrac{1}{n} \sum\limits_{i=1}^{n} \nu_i^2$，表示频率 ν 的平方的平均值；

$\overline{U_0} = \dfrac{1}{n} \sum\limits_{i=1}^{n} U_{0i}$，表示截止电压 U_0 的平均值；

$\overline{\nu U_0} = \dfrac{1}{n} \sum\limits_{i=1}^{n} \nu_i U_{0i}$，表示频率 ν 与截止电压 U_0 乘积的平均值。

（2）根据 $k = \dfrac{\Delta U_0}{\Delta \nu} = \dfrac{U_{0m} - U_{0n}}{\nu_m - \nu_n}$，可用逐差法从数据中求出两个 k，将其平均值作为求斜率的数值。

（3）可用数据在坐标纸上做 U_0-ν 直线，由图求出直线斜率 k。

💡 实验注意事项

（1）汞灯关闭后，不要立即开启电源，必须待灯丝冷却后再开启，否则会影响汞灯寿命。

（2）光电管应保持清洁，避免手摸。

（3）滤光片要保持清洁，避免手摸光学面。

（4）眼睛不要长时间直视汞灯光源发出的光线，避免紫外线损伤。

思考题

（1）什么是光电效应？光电子能量与哪些因素有关？

（2）滤色片有什么作用？

（3）光电管在使用中应该注意什么问题？

（4）汞灯的特征谱线有哪些？

参考文献

[1] 陈昕，高雁. 普朗克常数测定的实验研究 [J]. 科技信息，2008（32）：61-62.

[2] 王连彦. 关于普朗克常数测定实验中的数据处理 [J]. 沈阳电力高等专科学校学报，2001，3（2）：43-44.

实验四　单光子计数实验

✿ 背景介绍

光子计数也就是光电子计数，是微弱光（低于 10^{-14} W）信号探测中的一种新技术。它可以探测弱到光能量以单光子到达时的能量，目前已被广泛应用于拉曼散射探测、医学、生物学、物理学等许多领域里微弱光现象的研究。

通常的直流检测方法不能把淹没在噪声中的信号提取出来。微弱光检测的方法有锁频放大技术、锁相放大技术和单光子计数法。最早发展的锁频放大技术，原理是使放大器中心频率 f_0 与待测信号频率相同，从而对噪声进行抑制。但这种方法存在中心频率不稳、带宽不能太窄、对待测信号缺乏跟踪能力等缺点。后来发展了锁相放大技术，它利用待测信号和参考信号的互相关检测原理实现对信号的窄带化处理，能有效地抑制噪声，实现对信号的检测和跟踪。但是，当噪声与信号有同样频谱时它就无能为力了，另外它还受模拟积分电路漂移的影响，因此在弱光测量中受到一定的限制。单光子计数法，是利用弱光照射下光电倍增管输出电流信号自然离散化的特征，采用脉冲高度甄别技术和数字计数技术来进行微弱光检测。

▤ 实验目的

（1）了解微弱光的检测技术。
（2）了解光子计数的基本原理、基本实验技术和弱光检测中的一些主要问题。
（3）了解微弱光的概率分布规律。

❧ 实验原理

1. 光子

光是由光子组成的光子流，光子是静止质量为零、有一定能量的粒子。与一定的频率 ν 相对应，一个光子的能量 E_p 可由下式决定：

$$E_p = h\nu = hc/\lambda \tag{4-1}$$

式中，$c = 3 \times 10^8$ m/s，是真空中的光速；$h = 6.6 \times 10^{-34}$ J·s，是普朗克常数。

例如，实验中所用的光源波长为 $\lambda = 5000$ Å（1 Å $= 10^{-10}$ m）的近单色光，则 $E_p = 3.96 \times 10^{-19}$ J。光流强度常用光功率 P 表示，单位为 W。单色光的光功率与光子流量 R（单位时间内通过某一截面的光子数目）的关系为：

$$P = RE_p \tag{4-2}$$

所以，只要能测得光子的流量 R，就能得到光流强度。如果每秒接收到 R 为 10^4 个光子，对应的光功率 $P = RE_p = 10^4 \times 3.96 \times 10^{-19}$ W $= 3.96 \times 10^{-15}$ W。

2. 测量弱光时光电倍增管输出信号的特征

在可见光的探测中，通常利用光子的量子特性，选用光电倍增管作探测器件。光电倍增管从紫外到近红外都有很高的灵敏度和增益。当用于非弱光测量时，通常是测量阳极对地的阳极电流［图 4-1（a）］，或测量阳极电阻 R_L 上的电压［图 4-1（b）］，测得的信号电压（或电流）为连续信号；然而在弱光条件下，阳极回路上形成的是一个个离散的尖脉冲。为此，必须研究在弱光条件下光电倍增管的输出信号特征。

弱光信号照射到光阴极上时，每个入射的光子以一定的概率（即量子效率）使光阴极发射一个光电子。这个光电子经倍增系统的倍增，在阳极回路中形成一个电流脉冲，即在负载电阻 R_L 上建立一个电压脉冲，这个脉冲称为"单光电子脉冲"，见图 4-2。脉冲的宽度 t_W 取决于光电倍增管的时间特性和阳极回路的时间常数 $R_L C_0$，其中 C_0 为阳极回路的分布电容和放大器的输入电容之和。若设法使时间常数减小，则单光电子脉冲宽度 t_W 减小到 10～30 ns。如果入射光很弱，入射的光子流是一个一个离散地入射到光阴极上，则在阳极回路上得到一系列分立的脉冲信号。

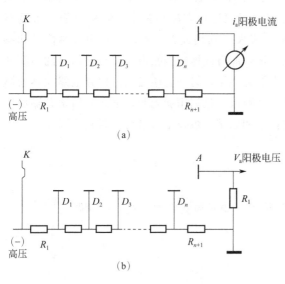

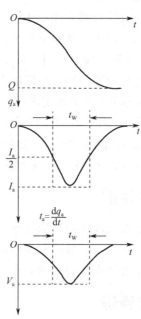

图 4-1　光电倍增管负高压供电及阳极电路图　　　图 4-2　光电倍增管阳极波形

图 4-3 是用 TDS 3032B 示波器观察到的光电倍增管弱光输出信号经过放大器后的波形：如图 4-3（a）所示，当入射光功率 $P_i \approx 10^{-11}$ W 时，光电子信号是一直流电平并叠加有闪烁噪声；如图 4-3（b）所示，当 $P_i \approx 10^{-12}$ W 时，直流电平减小，脉冲重叠减小，但仍存在基线起伏；如图 4-3（c）所示，当发光强度继续下降到 $P_i \approx 10^{-13}$ W 时，基线开始稳定，重叠脉冲极少；如图 4-3（d）所示，当 $P_i \approx 10^{-14}$ W 时，脉冲无重叠，基线趋于零。由图 4-3 可知，当发光强度下降为 $P_i = 10^{-14}$ W 量级时，在 1 ms 的时间内只有极少几个脉冲，也就是说，虽然光信号是持续照射的，但光电倍增管输出的光电信号却是分立的尖脉冲，这些脉冲的平均计数率与光子的流量成正比。

图 4-4 为光电倍增管阳极回路输出脉冲计数率 ΔR 随脉冲幅度大小变化的分布。曲线表示脉冲幅度在 $V \sim (V + \Delta V)$ 之间的脉冲计数率 ΔR 与脉冲幅度 V 的关系，它与 $(\Delta R / \Delta V)$-V 曲线有相同的形式。因此在 ΔV 取值很小时，这种幅度分布曲线称为脉冲幅度分布的微分曲线。形成这种分布的原因有以下几点：

（1）除光电子脉冲外，还有各倍增极的热发射电子在阳极回路形成的热发射噪声脉冲。

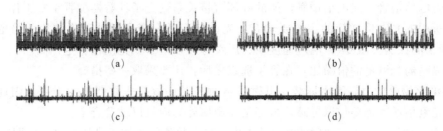

(a)   (b)

(c)   (d)

图 4-3 　不同发光强度下光电倍增管输出信号波形

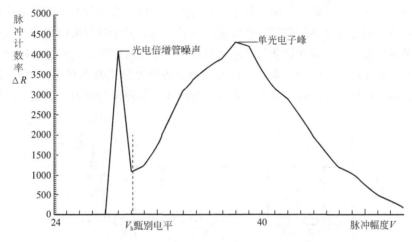

图 4-4 　光电倍增管输出脉冲幅度分布的微分曲线

热电子受倍增的次数比光电子少，因此它们在阳极上形成的脉冲大部分幅度较低。

（2）光阴极的热发射电子形成的阳极输出脉冲。

（3）各倍增极的倍增系数有一定的统计分布（大体上遵从泊松分布）。

因此，噪声脉冲及光电子脉冲的幅度也有一个分布。在图 4-4 中，脉冲幅度较小的主要是热发射噪声信号，而光阴极发射的电子（包括热发射电子和光电子）形成的脉冲，它的幅度大部分集中在横坐标的中部，出现"单光电子峰"。如果用脉冲幅度甄别器把幅度高于 V_h 的脉冲鉴别输出，就能实现单光子计数。

3. 光子计数器的组成

光子计数器的原理方框图如图 4-5 所示。

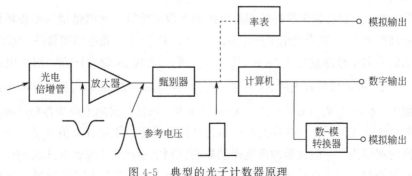

图 4-5 　典型的光子计数器原理

（1）光电倍增管 光电倍增管性能的好坏直接关系到光子计数器能否正常工作。对光子计数器中所用的光电倍增管的主要要求有：光谱响应适合于所用的工作波段；暗电流要小（它决定管子的探测灵敏度）；响应速度快、后续脉冲效应小及光阴极稳定性高。

为了提高弱光测量的信噪比，在管子选定之后，还要采取一些措施：

① 光电倍增管的电磁噪声屏蔽。电磁噪声对光子计数是非常严重的干扰，因此作光子计数用的光电倍增管都要加以屏蔽，最好是在金属外套内衬以坡莫合金。

② 光电倍增管的供电。通常的光电技术中，光电倍增管采用负高压供电，如图 4-1 所示，即光阴极对地接负高压，外套接地，阳极输出端可直接接到放大器的输入端。这种供电方式，光阴极及各倍增极（特别是第一、第二倍增极）与外套之间存在电位差，漏电流能使玻璃管壁产生荧光，阴极也可能发生场致辐射，造成虚假计数，这对光子计数来讲是相当大的噪声。为了防止这种噪声的发生，必须在管壁与外套之间放置一金属屏蔽层，金属屏蔽层通过一个电阻接到光阴极上，使光阴极与屏蔽层等电位；另一种方法是改为正高压供电，即阳极接正高压、阴极和外套接地，但输出端需要加一个隔直流、耐高压、低噪声的电容，如图 4-6 所示。

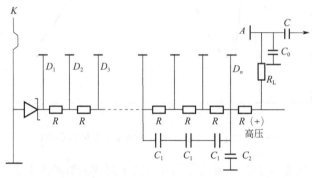

图 4-6 光电倍增管的正高压供电及阳极电路

③ 热噪声的去除。为了获得较高的稳定性，降低暗计数率，常采用制冷技术降低光电倍增管的工作温度。当然，最好选用具有小面积光阴极的光电倍增管，如果采用大面积阴极的光电倍增管，则需采用磁散焦技术。

（2）放大器 放大器的功能是把光电倍增管阳极回路输出的光电子脉冲和其他的噪声脉冲线性放大，因而放大器的设计要有利于光电子脉冲的形成和传输。对放大器的主要要求：有一定的增益；上升时间 $t_r \leqslant 3$ ns，即放大器的通频带宽达 100 MHz；有较宽的线性动态范围及噪声系数要低。

图 4-7 所示的放大器的输出脉冲的增益可按如下数据估算：光电倍增管阳极回路输出的单光电子脉冲的高度为 V_a，单个光电子的电量 $e = 1.6 \times 10^{-19}$ C，光电倍增管的增益 $G = 10^6$，光电倍增管输出的光电子脉冲宽度 $t_W = 10 \sim 20$ ns 量级。按 10 ns 脉冲计算，阳极电流脉冲幅度 $I_a \approx 1.6 \times 10^{-5}$ A，设阳极负载电阻 $R_L = 50$ Ω，分布电容 $C = 20$ pF，则输出脉冲电压波形不会畸变，其峰值为：$V_a = I_a R_L \approx 8.0 \times 10^{-4}$ V $= 0.8$ mV。当然，实际上由于各倍增极的倍增系数遵从泊松分布的统计规律，输出脉冲的高度也遵从泊松分布，上述计算值只是一个光子引起的平均脉冲峰值的期望值。一般的脉冲高度甄别器的甄别电平在几十毫伏到几伏内连续可调，所以要求放大器的增益大于 100 倍即可。放大器与光电倍增管的连线应尽量短，以减小分布电容，有利于光电脉冲的形成与传输。

（3）脉冲高度甄别器　脉冲高度甄别器的功能是鉴别输出光电子脉冲，弃除光电倍增管的热发射噪声脉冲。在甄别器内设有一个连续可调的参考电压——甄别电平 V_h。如图 4-8 所示，当输出脉冲高度高于甄别电平 V_h 时，甄别器就输出一个标准脉冲；当输入脉冲高度低于 V_h 时，甄别器无输出。如果把甄别电平选在与图 4-4 中谷点对应的脉冲高度 V_h 上，这就弃除了大量的噪声脉冲，因对光电子脉冲影响较小，从而大大提高了信噪比。

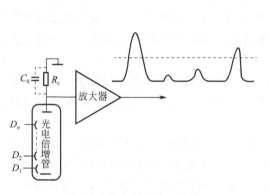

图 4-7　放大器的输出脉冲

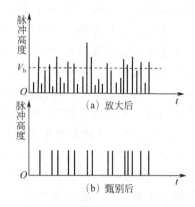

图 4-8　脉冲高度甄别器的作用

对甄别器的要求：甄别电平稳定，以减小长时间计数的计数误差；灵敏度（可甄别的最小脉冲幅度）较高，这样可降低放大器的增益要求；要有尽可能小的时间滞后，以使数据收集时间较短；死时间小、建立时间短、脉冲对分辨率 ≤10 ns，以保证一个个脉冲信号能被分辨开来，不会导致因重叠造成漏计。

需要注意的是：当用单电平的脉冲高度甄别器鉴别输出时，对应某一电平值 V，得到的是脉冲幅度大于或等于 V 的脉冲总计数率，因而只能得到积分曲线（图 4-9），其斜率最小值对应的 V 就是最佳甄别（阈值）电平 V_h，在高于最佳甄别电平 V_h 的曲线斜率最大处的电平 V 对应单光电子峰。

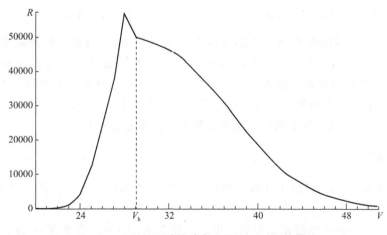

图 4-9　光电倍增管脉冲高度分布——积分曲线

（4）计数器（定标器）　计数器的主要功能是在规定的测量时间间隔内，把甄别器输出的标准脉冲累计和显示。为满足高速计数率及尽量减小测量误差的需要，要求计数器的计数速率达到 100 MHz。但由于光子计数器常用于弱光测量，其信号计数率极低，故选用计数速率低于 10 MHz 的定标器也可以满足要求。

4. 工作原理

倍增管单光子计数器法利用弱光下光电输出电流信号自然离散的特征，采用脉冲高度甄别和数字计数技术将淹没在背景噪声中的弱光信号提取出来。当弱光照射到光阴极时，每个入射光子以一定的概率（即量子效率）使光阴极发射一个电子。这个光电子经倍增系统的倍增最后在阳极回路中形成一个电流脉冲，通过负载电阻形成一个电压脉冲，这个脉冲称为单光子脉冲。除光电子脉冲外，还有各倍增极的热反射电子在阳极回路中形成的热反射噪声脉冲。热电子受倍增的次数比光电子少，因而它在阳极上形成的脉冲幅度较低。此外还有光阴极的热反射形成的脉冲。噪声脉冲和光电子脉冲的幅度的分布如图 4-10 所示。脉冲幅度较小的主要是热反射噪声信号，而光阴极反射的电子（包括光电子和热反射电子）形成的脉冲幅度较大，出现"单光电子峰"。用脉冲幅度甄别器把幅度低于 V_h 的脉冲抑制掉，只让幅度高于 V_h 的脉冲通过就能实现单光子计数。

单光子计数器中使用的光电倍增管，其光谱响应应适合所用的工作波段，暗电流要小（它决定管子的探测灵敏度），响应速度及光阴极稳定。光电倍增管性能的好坏直接关系到光子计数器能否正常工作。放大器的功能是把光电子脉冲和噪声脉冲线性放大，应有一定的增益，上升时间≤3 ns，即放大器的通频带宽达 100 MHz；有较宽的线性动态范围及低噪声，经放大的脉冲信号送至脉冲幅度甄别器。单光子计数器的工作流程见图 4-11。

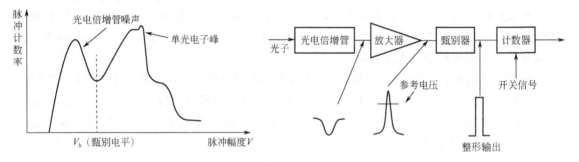

图 4-10　光电倍增管输出脉冲分布　　　　图 4-11　单光子计数器的工作流程

在脉冲幅度甄别器里设有一个连续可调的参考电压 V_h。当输入脉冲高度低于 V_h 时，甄别器无输出；只有高于 V_h 的脉冲，甄别器输出一个标准脉冲。如果把甄别电平选在图 4-10 中的谷点对应的脉冲高度上，就能去掉大部分噪声脉冲而只有光电子脉冲通过，从而提高信噪比。脉冲幅度甄别器应甄别电平稳定，灵敏度高，死时间小，建立时间短，脉冲对分辨率小于 10 ns，以保证不漏计。甄别器输出经过整形的脉冲。

🐵 实验仪器

本实验设备为 SGD-2 单光子计数实验系统，图 4-12 为其结构示意图，主要由以下四部分组成：

（1）光源　采用高亮度发光二极管，中心波长 $\lambda = 5000$ Å，半宽度 30 nm。为了提高入射光的单色性，仪器备有窄带滤光片，其半宽度为 18 nm。

（2）探测器　采用直径 28.5 mm、锑钾铯光阴极，阴极有效尺寸是 $\phi25$ mm、硼硅玻壳、11 级盒式＋线性倍增、端窗型 CR125 光电倍增管。它具有高灵敏度、高稳定性、低暗噪声的特点，环境温度范围 $-80 \sim +50℃$。SGD-2 光电倍增管提供的工作电压最高为 1320V。

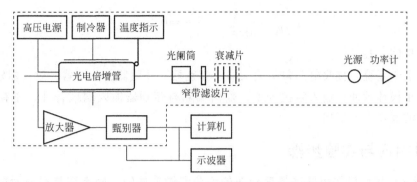

图 4-12　SGD-2 单光子计数实验系统结构示意图

（3）光路　如图 4-13 所示，为了减小杂散光的影响和降低背景计数，在光电倍增管前设置一个光阑筒，内设置光阑三个，并将光源、衰减片、窄带滤光片、光阑、接收器等严格准直同轴，把从光源出发的光信号汇聚在倍增管光阴极的中心部分。附件参数为：衰减片 AB5 透过率 5%；AB10 透过率 10%；AB25 透过率 25%。可以将不同透过率的衰减片组插入光路，得到所需的入射光功率。为了标定入射到光电倍增管的光功率 P_i，可先用光功率计测量出光源经半透半反镜反射的光功率 P_1，然后按下式计算 P_i：

$$P_i = AT\alpha K(\Omega_2/\Omega_1)P_1 \tag{4-3}$$

式中　A——窄带滤光片的透射率；

$\quad\quad T$——衰减片的透过率，$T = \prod_{i=1}^{n} t_i$；

$\quad\quad \alpha$——光路中插入光学元件的全部玻璃表面反射损失造成的总效率，总效率$=[1-(2\%\sim5\%)]N$（N 为光路中镜片全部反射面数）；

$\quad\quad K$——半透半反镜的透过率和反射率之比；

$\quad\quad \Omega_1$——光功率计接收面积 S_1 相对于光源中心所张的立体角；

$\quad\quad \Omega_2$——紧邻光电倍增管的光阑面积 S_2 对于光源中心所张的立体角。

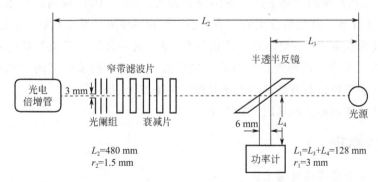

图 4-13　SGD-2 单光子计数实验系统光路参数图示

对于本实验所用装置：

$\Omega_1 = \dfrac{\pi r_1^2}{S_1^2}$，其中 $r_1 = 3$ mm，$S_1 = 128$ mm^2；$\Omega_2 = \dfrac{\pi r_2^2}{S_2^2}$，其中 $r_2 = 1.5$ mm，$S_2 = 480$ mm^2。则

$$\frac{\Omega_2}{\Omega_1} = \frac{\pi r_2^2}{480^2} \times \frac{128^2}{\pi r_1^2} = 0.018$$

其他参数详见图 4-13。

（4）电子学系统　接收电路包括放大器、甄别器、计数器、示波器。放大器输入负极性脉冲，输出正极性脉冲，输入阻抗 50Ω，输出端除与甄别器输入端耦合外，还有 50Ω 匹配电缆，供示波器观察波形用。

📚 实验内容与实验步骤

1. 测量光电倍增管输出脉冲幅度分布的积分和微分曲线，确定测量弱光时的最佳阈值（甄别）电平 V_h

（1）选择光电倍增管输出的光电信号是分立尖脉冲的条件，运行"单光子计数"软件。在模式栏选择"阈值方式"；采样参数栏中的"高压"是指光电倍增管的工作电压，1～8 挡分别对应 620～1320 V，由高到低每挡 10% 递减。

（2）在工具栏点击"开始"获得积分曲线。视图形的分布调整数值范围栏的"起始点"和"终止点"，"终止点"一般设在 30～60 挡左右（10 mV/挡）；再适当地调整光电倍增管的高压挡次（6～8 挡范围）和微调入射光发光强度，让积分曲线图形为最佳。其斜率最小值处就是阈值电平 V_h。

（3）在菜单栏点击"数据/图形处理"选择"微分"，再选择与积分曲线不同的"目的寄存器"，就会得到与积分曲线色彩不同的微分曲线。其电平最低谷与积分曲线的最小斜率处相对应，由微分曲线更准确地读出 V_h。

（4）点击"信息"，输入每个"寄存器"对应的曲线名称、实验同学姓名，打印并附报告。

2. 单光子计数

（1）由模式栏选择"时间方式"，在采样参数栏的"域值"输入实验内容 1 中步骤（3）获取的 V_h 值，数值范围的"终止点"不用设置太大，100～1000 即可，在工具栏点击"开始"，进行单光子计数。将数值范围的"最大值"设置到单光子数率线在显示区中间为宜。

（2）如果光源强度 P_1 不变，光子计数率 R_p 基本是一直线；若调节光功率 P_1 的高低，光子计数率也随之变化。这说明：一旦确立阈值甄别电平、测量时间间隔相同，P_1 与 R_p 成正比。记录实验所得最高或最低的光子计数率并推算 P_i 值。

（3）由公式计算出相应的接收光功率 P_0。

💡 实验注意事项

（1）入射光源强度要保持稳定。

（2）光电倍增管要防止入射强光，光阑筒前至少有窄带滤光片和一个衰减片。

（3）光电倍增管必须经过长时间工作才能趋于稳定。因此，开机后需要有足够的预热时间，至少 20～30 min，才能进行实验。

（4）仪器箱体的开、关动作要轻，轻开轻关地还原，以便尽量减少背景光干扰。

（5）半导体制冷装置开机前，一定要先通水，然后再开启制冷电源。如果遇到停水，立即关闭制冷电源，否则将发生严重事故。

实验报告要求

（1）简述单光子计数原理和实验方法。

（2）附光电倍增管在不同入射光发光强度的分布图形（打印），并计算出相应的 P_i 值、放大后和甄别后的输出波形图形（打印）。

（3）附实验得到的积分、微分曲线图形（打印）和由此得出的阈值电平 V_h 值。

参考文献

[1] 吴思诚，王祖铨. 近代物理实验 [M]. 3 版. 北京：高等教育出版社，2005.

[2] 江月松. 光电技术与实验 [M]. 北京：北京理工大学出版社，2007.

实验五　弗兰克-赫兹实验

✿ 背景介绍

　　玻尔理论在物理学发展史上具有极其重要的地位，由丹麦物理学家玻尔于 1913 年在卢瑟福的核式原子模型基础上，结合普朗克的量子理论而建立的。该理论成功解释了原子的稳定性和原子的线状光谱现象。1914 年，物理学家弗兰克和赫兹从实验中直接证明了原子能级的存在。他们采用低速电子与稀薄气体原子碰撞的办法使原子从低能级激发到高能级。通过测量电子与被碰撞原子之间交换能量的特征，不仅直观说明了原子内部能级的量子化分布，而且证明了原子发生跃迁时吸收和发射的能量是完全确定的、不连续的。该实验是独立于光谱方法的实验证据，具有重要的意义。为此，他们荣获 1925 年的诺贝尔物理学奖。

📖 实验目的

　　(1) 通过测量氩原子的第一激发电位，证明原子能级的存在。
　　(2) 分析灯丝电压、拒斥电压等因素对 $F\text{-}H$ 实验曲线的影响。
　　(3) 了解计算机实时控制系统在近代物理实验中的应用。

🌱 实验原理

　　根据玻尔的原子理论，原子的稳定能量状态（定态）是离散的，每一个定态对应一个能量值。原子对能量的吸收也是离散的，允许吸收的能量是两个定态能量的差值。原子从基态跃迁到第一激发态的能量差值是确定的，与原子的种类有关。

　　本实验是用一定能量的低速电子与氩原子（稀薄氩气）碰撞，电子与氩原子交换能量，使得氩原子由基态跃迁到激发态，测量特征量的变化，从而确定出第一激发电位。

　　假设氩原子的基态能量、第一激发态能量、加速电场电压和电子电荷分别是 E_1、E_2、U_0 和 e。那么初速度为零的电子在加速电场作用下获得的能量就是 eU_0，当电子能量 $eU_0 < E_2 - E_1$ 时，原子无法吸收电子的能量，两者只发生弹性碰撞。如果电子能量满足 $eU_0 \geqslant E_2 - E_1 = \Delta E$，氩原子吸收 ΔE 大小的能量并跃迁到第一激发态，两者之间发生的是非弹性碰撞。与这个能量相应的电位差叫作氩原子的第一激发电位。

　　弗兰克-赫兹实验的核心部件是弗兰克-赫兹管，如图 5-1 所示，它由灯丝、阴极（第一阳极）、栅极、阳极构成。其中灯丝用于产生电子，是电子源；在阴极 K 与栅极 G 之间的电压 U_{GK} 起到加速电子的作用，又称为电子加速电压；而在板极 A 与栅极 G 之间有方向电压 U_{AG}，这个电压称为拒斥电压，它起到减小电子速度的作用。在近似匀强电场的情况下，弗兰克-赫兹管内的电位分布如图 5-2 所示。

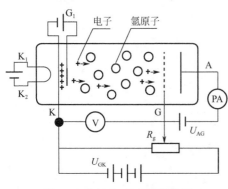

图 5-1　弗兰克-赫兹管结构图

在 K、G 之间，被不断加速的电子通过稀薄的氩气，部分电子与氩原子碰撞，有些发生弹性碰撞，有些发生非弹性碰撞。随后，电子以一定的能量进入 GA 区域，这是一个电场减速区域。可以知道，只有能量大于 eU_{AG} 的电子才可以到达板极 A，并形成回路电流并在 PA 显示。所以板极电流 I_A 是随着加速电压的升高而增大，随着拒斥电压的增大而降低。实验中实际观测到的板极电压随加速电压的变化曲线并不是单调变化的，如图 5-3 所示。

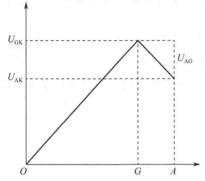

图 5-2　弗兰克-赫兹管内电位分布示意图

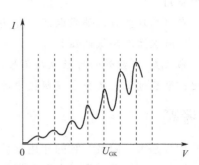

图 5-3　弗兰克-赫兹管的 I-V 曲线

这条曲线是由一系列等间距、递增的峰组成的。之所以具有这样的特征，与电子和氩原子碰撞的过程和性质密切相关。与氩原子发生弹性碰撞的电子没有能量损失，仅仅给出电流曲线中不断增加的背景部分，电流的峰是由非弹性碰撞给出的，各个峰谷对应由于非弹性碰撞造成的电子能量损失过程，对于能量足够高的电子，它与氩原子之间的非弹性碰撞可能不止一次，而是多次。因此，随着加速电压的增高，电流曲线出现的峰也是逐步增多的，每一个峰对应一次非弹性碰撞。而两个相应峰之间的能量差值就是氩原子激发吸收的能量，也就是氩原子的第一激发电位。

根据原子理论，处于激发态的原子是可以跃迁回基态的，这种从高能级向低能级跃迁产生的能量是以光子的形式放出。通过探测弗兰克-赫兹管的发光状况，确认有确定频率的光发射。这也从一个侧面反映出这个过程中氩原子激发和跃迁过程确实存在。

实验内容

（1）测量氩原子的第一激发电位。

（2）分析灯丝电压、拒斥电压、第一阳极电压等因素对 F-H 实验曲线的影响。

实验步骤

（1）按照面板要求连接实验线路，线路的连接要逐一、完整地进行，避免同时、多头连线，杜绝连线错误；

（2）灯丝电压缓慢上升到 3 V，第一阳极电压调至 1.2 V，拒斥电压至 7.5 V，预热 5 min；

（3）转换到程控模式，限流值设定为 40 mA；

（4）启动计算机，打开控制软件；

（5）在程序界面输入实验参数，设置起始电压、终止电压、测量步长和等待时间（栅极电压不得超过 80 V），确定并由微机自动采集数据和绘制 F-H 曲线；

（6）利用随机分析软件，计算氩原子的第一激发电位；

（7）更改灯丝电压、第一阳极电压和拒斥电压，重复实验，观测实验曲线的不同并分析给出原因；

（8）计算各种条件下得到的实验值，与理论值（11.55 V）比较，并进行必要的误差分析。

💡 实验注意事项

（1）所有设备只有在连线检查无误的前提下才可以开启电源，关机前将所有的电压、电流旋钮调整到 0 位。

（2）在温度较低时，如果电压 U_{GK} 很高，弗兰克-赫兹管会因为电离击穿而发出蓝白色的辉光，此时应立即降低电压 U_{GK}，以免管子永久损坏。

（3）弗兰克-赫兹管的灯丝电压要按照要求设置，如果电压过高，阴极电子发射能力强，容易老化；电压过低，又会出现阴极中毒现象，损坏管子。

✍ 思考题

（1）什么是第一阳极？它的作用是什么？

（2）灯丝电压、第一阳极电压和拒斥电压的改变分别会对实验结果产生什么影响？

（3）栅极电压逐渐增加后，电子动能不断增大，较大的栅压下电子与氩原子碰撞会产生哪些物理现象？

（4）原子具有能级结构的实验验证方式有几种？

参考文献

[1] 吴思诚，王祖铨. 近代物理实验 [M]. 3 版. 北京：高等教育出版社，2005.

[2] 胡镜寰，刘玉华. 原子物理学 [M]. 北京：北京大学出版社，1999.

实验六　塞曼效应实验

⚙ 背景介绍

1896 年，荷兰物理学家塞曼发现原子光谱线在外磁场作用下发生了分裂且偏振的现象，这种现象称为"塞曼效应"。随后洛伦兹在理论上解释了谱线分裂成 3 条的原因。进一步的研究发现，很多原子的光谱在磁场中的分裂情况非常复杂，称为反常塞曼效应。完整解释塞曼效应需要用到量子力学知识，电子的轨道磁矩和自旋磁矩耦合成总磁矩，并且空间取向是量子化的，磁场作用下的附加能量不同，引起能级分裂。在外磁场中，总自旋为零的原子表现出正常塞曼效应，总自旋不为零的原子表现出反常塞曼效应。塞曼效应是继 1845 年法拉第效应和 1875 年克尔效应之后发现的第三个磁场对光有影响的实例。塞曼效应证实了原子磁矩的空间量子化，为研究原子结构提供了重要途径，被认为是 19 世纪末 20 世纪初物理学最重要的发现之一。利用塞曼效应可以测量电子的荷质比；在天体物理中，塞曼效应可以用来测量天体的磁场。

📖 实验目的

(1) 掌握一种观察塞曼效应的实验方法，加深对原子磁矩及空间量子化等原子物理学概念的理解。

(2) 学习空气隙 F-P 标准具的调节方法以及 CMOS 器件在光学测量中的应用。

(3) 观察不同磁感应强度下塞曼效应谱线分裂情况。

(4) 观察 Hg（546.1 nm）谱线的分裂现象及其偏振状态。

(5) 测量分裂谱线的间距，由裂距计算电子荷质比。

(6) 学习并掌握一种图像数据的处理方法。

🌱 实验原理

1. 谱线在磁场中的分裂

电子自旋和轨道运动使原子具有一定的磁矩。在外磁场中，原子磁矩与磁场相互作用，使原子系统附加磁作用能 ΔE。又由于电子轨道和自旋的空间的量子化，这种磁相互作用能只能取有限个分立的值，此时原子系统的总能量为

$$E = E_0 + \Delta E = E_0 + Mg\,\frac{eh}{4\pi m}B \tag{6-1}$$

式中，E_0 为未加磁场时的能量；M 为磁量子数；B 为外加磁场的磁感应强度；e 为电子电量；m 为电子质量；h 为普朗克常数；g 为朗德因子。

朗德因子 g 的值与原子能级的总角动量 J、自旋量子数 S 和轨道量子数 L 有关，在 L-S 耦合情况下

$$g = 1 + \frac{J(J+1) - L(L+1) + S(S+1)}{2J(J+1)} \tag{6-2}$$

由于 J 一定时，$M = J$，$J-1$，…，$-J$，所以在外磁场中，原子每个能级都分裂为 $(2J+1)$ 个子能级。相邻子能级的间隔为

$$g \frac{eh}{4\pi m}B = g\mu_B B \tag{6-3}$$

其中，玻尔磁子 $\mu_B = \frac{eh}{4\pi m} = 9.2741 \times 10^{-24} \text{J} \cdot \text{T}$。可以看出，分裂的子能级是等间隔的，且能级间隔正比于外磁场磁感应强度 B 和朗德因子 g。

设频率为 ν 的光谱线是由原子的高能级 E_2 跃迁到低能级 E_1 所产生，由此，谱线的频率同能级有如下关系：

$$h\nu = E_2 - E_1 \tag{6-4}$$

在外磁场作用下，上、下两能级各获得附加能量 ΔE_2、ΔE_1。因此，每个能级各分裂成 $(2J_2+1)$ 和 $(2J_1+1)$ 个子能级。这样上下两个子能级之间的跃迁，将发出频率为 ν' 的新谱线，并有

$$h\nu' = (E_2 + \Delta E_2) - (E_1 + \Delta E_1) = h\nu + (M_2 g_2 - M_1 g_1)\mu_B B \tag{6-5}$$

分裂谱线与原谱线的频率差为：

$$\Delta \nu = \nu' - \nu = (M_2 g_2 - M_1 g_1)\frac{e}{4\pi m}B \tag{6-6}$$

两边同时除以 c，换以波数表示：

$$\Delta \tilde{\nu} = \tilde{\nu}' - \tilde{\nu} = (M_2 g_2 - M_1 g_1)\frac{e}{4\pi mc}B = (M_2 g_2 - M_1 g_1)L \tag{6-7}$$

式中，$\frac{e}{4\pi mc}B$ 称为洛伦兹单位，以 L 表示。

Hg（546.1 nm）谱线是汞原子从 $\{6s7s\}^3S_1$ 到 $\{6s6p\}^3P_2$ 能级跃迁时产生的，因此：$L_2 = 0$，$S_2 = 1$，$J_2 = 1$，$g_2 = 2$；$L_1 = 1$，$S_1 = 1$，$J_1 = 2$，$g_1 = 3/2$。

跃迁时 M 的选择定则与谱线的偏振情况如下：

选择定则：$\Delta M = 0$（但当 $\Delta J = 0$ 时，$M_2 = 0$ 到 $M_1 = 0$ 的跃迁被禁止），$\Delta M = \pm 1$。

如图 6-1 所示，上能级 $\{6s7s\}^3S_1$ 分裂成三个子能级，下能级 $\{6s6p\}^3P_2$ 分裂成五个能级，选择定则允许的跃迁共有九种。因此，原来的谱线将分裂成九条谱线。分裂后的九条谱线是等距的，间距都为 1/2 个洛伦兹单位，九条谱线的光谱范围为 4 个洛伦兹单位，这种情况称为反常塞曼效应。当 $\Delta M = 0$ 时，产生的偏振光为 π 成分。垂直于磁场观察时（横效应），π 光的振动方向平行于磁场；平行于磁场观察时（纵效应），π 成分不出现。当 $\Delta M = \pm 1$ 时，产生的偏振光为 σ 成分。垂直于磁场观察时，产生线偏振光，其振动方向垂直于磁场；平行于磁场观察时，产生圆偏振光。$\Delta M = 1$，偏振转向是沿磁场方向前进的螺旋方向，磁场指向观察者时，为左旋圆偏振光；$\Delta M = -1$ 时，偏振方向是沿磁场指向观察者时，为右旋圆偏振光，如图 6-2 所示。

2. F-P 标准具

塞曼分裂的波长差是很小的，因此需要高分辨本领的分光仪器。实验中一般采用法布里-珀罗标准具（即 F-P 标准具）来分光，理论上它的分辨本领可以达到 $10^5 \sim 10^7$。按照结构不同，可将标准具分为空气隙 F-P 标准具和固体 F-P 标准具。

空气隙 F-P 标准具是由两块平面玻璃中间夹有一个间隔圈组成的，玻璃板的内表面镀有高反射膜，为消除两平板背面反射光的干涉，每块板都做成楔形。当两内表面严格平行

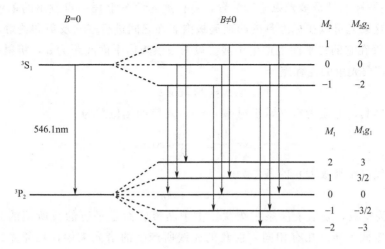

$M_2g_2 - M_1g_1:$ $-2, -3/2, -1$ $-1/2, 0, 1/2$ $1, 3/2, 2$

$\Delta M:$ -1 0 1

$\sigma(E \perp B)$ $\pi(E /\!/ B)$ $\sigma(E \perp B)$

$\perp B$方向观察，都是线偏振光；$/\!/B$方向观察，左旋圆偏振光，右旋圆偏振光

图 6-1 Hg（546.1 nm）谱线在磁场中的分裂

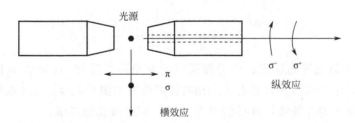

图 6-2 垂直、平行于磁场观察时产生的不同偏振光示意图

时，由于光在这两个镀膜面之间空气层的反复反射，形成了多光束等倾干涉圆环。间隔圈用膨胀系数很小的材料加工成一定的厚度，以保证两玻璃板的距离不变，再用三个调节螺钉调节玻璃上的压力米达到精确平行，光路如图 6-3 所示。

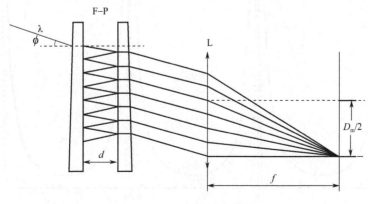

图 6-3 F-P 标准具光路图

法布里-珀罗标准具是多光束干涉装置，自扩展光源 S 上任一点发出的单色光以 ϕ 角入射标准具后，这束光可以在标准具的两玻璃板内表面之间进行多次反射和透射，透射平行光束经透镜 L 会聚在它的焦平面上产生干涉。设两玻璃板内平面间距为 d，折射率为 n，入射角为 ϕ，则相邻两光束的光程差

$$\Delta = 2nd\cos\phi \tag{6-8}$$

空气隙标准具，介质为空气，折射率 $n \approx 1$，对应的相位差为

$$\delta = \frac{2\pi}{\lambda}\Delta = \frac{4\pi}{\lambda}d\cos\phi \tag{6-9}$$

形成亮条纹（干涉极大）的条件为

$$2d\cos\phi = k\lambda \tag{6-10}$$

式中，k 为整数，表示干涉条纹级次。由于两镀膜面是平行的且所用的光源是扩展光源，所以产生等倾干涉。在有相同入射角的光线所产生的诸光束中，相邻光线的相位差相同，而入射角相同的光线在垂直于观察方向的平面上的轨迹是一组同心圆环。中心处 $\phi = 0$，$\cos\phi = 1$，级次 k 最大，$k_{\max} = \frac{2nd}{\lambda}$，向外依次为 $k-1$，$k-2$……

不考虑膜对光的吸收及内反射的相变，透过 F-P 标准具的光在透镜 L 的焦平面上的发光强度分布公式为

$$I = \frac{I_0}{1 + \frac{4R}{(1-R)^2}\sin^2\frac{\delta}{2}} \tag{6-11}$$

式中，I_0 为入射光发光强度；R 为镀膜层的发光强度反射率；δ 为两相邻光束在焦平面产生的相差。对于不同的 R，透射光的相对强度分布如图 6-4 所示。可以看出，透射光的干涉图是黑暗背景上的亮条纹，且反射率 R 越高，亮条纹就越锐细。

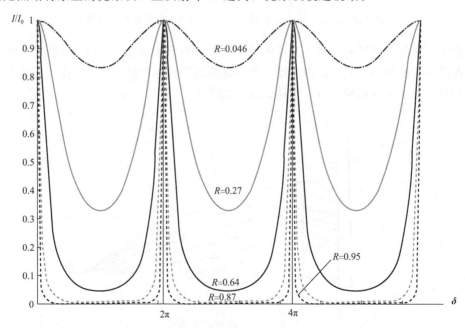

图 6-4　不同 R 下透射光的相对强度分布图

标准具有两个特征参量：分辨本领及自由光谱范围。法布里-珀罗标准具反射率越大，由透射光所得的干涉圆环越锐细，因而刚能被分辨或刚能鉴别的两相邻亮环的几何间隔就越小，则刚能被分辨的两相邻波长的波长差$\overline{\Delta\lambda}$越小。通常定义$\lambda/\overline{\Delta\lambda}$为光谱分辨本领。所以，法布里-珀罗标准具的分辨本领$\lambda/\overline{\Delta\lambda}$与镀层的反射率密切相关，反射率越大，分辨率越大。仔细分析可知

$$\frac{\lambda}{\overline{\Delta\lambda}}=kN \qquad (6\text{-}12)$$

式中，k为干涉级数，由$2d=k\lambda$得到；N为精细度，它的物理意义是在相邻两个干涉级之间能够分辨的最大条纹数。理论上，N依赖于平板内表面反射膜的反射率R

$$N=\frac{\pi\sqrt{R}}{1-R} \qquad (6\text{-}13)$$

即反射率越高，精细度越高，仪器能够分辨的条纹数就越多。将式（6-13）代入式（6-12），分辨本领

$$\frac{\lambda}{\overline{\Delta\lambda}}=\frac{2d}{\lambda}\times\frac{\pi\sqrt{R}}{1-R} \qquad (6\text{-}14)$$

在实际应用上，由于玻璃板内表面加工精度有一定的误差，加上反射膜层的不均匀以及散射损耗等因素，仪器的实际分辨率要比理论值低。分辨本领在实验中是很重要的调节内容，若镀膜损坏，则会出现干涉环模糊，难以分辨，故需要重点保护。

设波长为λ_1和$\lambda_2(\lambda_2>\lambda_1)$的两光以相同的方向（角度）入射到法布里-珀罗标准具上，它们各产生一组同心圆环状的干涉亮条纹（主极大），对同一干涉级，λ_2的干涉圆环的直径较λ_1小，如图6-5所示。

当满足$k\lambda_1=(k-1)\lambda_2$时，$\lambda_1$的第$k$级主极大与$\lambda_2$的第$(k-1)$级主极大重合，因此

$$\Delta\lambda=\lambda_2-\lambda_1=\frac{\lambda_2}{k} \qquad (6\text{-}15)$$

对于法布里-珀罗标准具，大多数情况下，$\cos\phi\approx1$，式（6-10）中的k值为

$$k\approx\frac{2d}{\lambda_1} \qquad (6\text{-}16)$$

将式（6-16）代入式（6-15）得

$$\Delta\lambda=\frac{\lambda_1\lambda_2}{2d} \qquad (6\text{-}17)$$

实际上，$\lambda_1\lambda_2=\lambda^2$，因此

$$\Delta\lambda=\frac{\lambda^2}{2d} \qquad (6\text{-}18)$$

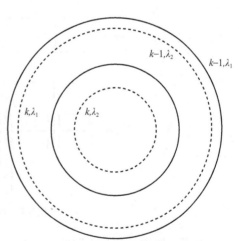

图6-5 不同波长的光入射到法布里-珀罗标准具上产生的干涉图（$\lambda_2>\lambda_1$）

此$\Delta\lambda$值是某一波长光的干涉圆环和另一波长光的干涉圆环重合时的波长差，亦即在给定d的标准具内，若入射光的波长在$\lambda_1\sim(\lambda_1+\Delta\lambda)$的波长范围以内，所产生的干涉圆环不重叠。将此$\Delta\lambda$定义为标准具常数或者标准具的自由光谱范围；若被研究的谱线波长差大于自由光谱范围，两级圆环之间就要发生重叠，给分析、辨认带来困难。因此，在使用标准具时，应根据被研究对象的光谱波长范围来确定隔圈的厚度。

3. 用塞曼分裂测量电子的荷质比 $\dfrac{e}{m}$

用透镜将 F-P 标准具的干涉圆环成像在焦平面上，圆环相应的光线入射角 ϕ 与圆环的直径 D 有如下关系：

$$\cos\phi = \frac{f}{\sqrt{f^2 + \left(\dfrac{D}{2}\right)^2}} = \frac{1}{\sqrt{1 + \left(\dfrac{D}{2f}\right)^2}} = \left[1 + \left(\frac{D}{2f}\right)^2\right]^{\frac{1}{2}} \tag{6-19}$$

因 $\left(\dfrac{D}{2f}\right)^2 \to 0$，所以 $\left[1 + \left(\dfrac{D}{2f}\right)^2\right]^{\frac{1}{2}} = 1 - \dfrac{1}{2}\left(\dfrac{D}{2f}\right)^2 = 1 - \dfrac{D^2}{8f^2}$，将式（6-19）改写为

$$\cos\phi = 1 - \frac{D^2}{8f^2} \tag{6-20}$$

式中，f 为透镜的焦距，将式（6-20）代入式（6-10）得

$$2d\left(1 - \frac{D^2}{8f^2}\right) = k\lambda \tag{6-21}$$

由式（6-21）可知，干涉级次 k 与圆环直径的平方成线性关系，随着圆环直径的增大，圆环越来越密；干涉环的直径越大，干涉级数 k 越小，中心圆环的干涉级数最大。

在图 6-6 中，以同一次级中最中心的三条 π 光为例进行说明，对同一波长的相邻两级次 k 和 $k-1$，圆环的直径平方差

$$\Delta D^2 = D_{k-1}^2 - D_k^2 = \frac{4\lambda f^2}{d} \tag{6-22}$$

由上式可知，ΔD^2 是与干涉级数 k 无关的常数。

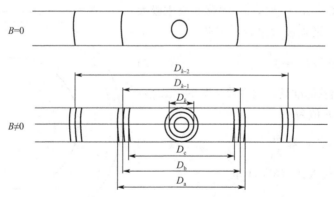

图 6-6　实验中观察到的干涉圆环

对同一级次，波长不同的 λ_a、λ_b（$\lambda_a > \lambda_b$）的波长差

$$\Delta\lambda = \lambda_a - \lambda_b = \frac{d}{4kf^2}(D_b^2 - D_a^2) \tag{6-23}$$

综合式（6-22）、式（6-23）可知

$$\Delta\lambda = \frac{\lambda}{k} \times \frac{D_b^2 - D_a^2}{D_{k-1}^2 - D_k^2} \tag{6-24}$$

测量时所用的干涉圆环只是在中心圆环附近的几个级次。考虑到标准具隔圈的长度比波长大得多，中心圆环的干涉级数是很大的，因此可以用中心圆环的干涉级数代替被测圆环的

干涉级数，即 $k = \dfrac{2d}{\lambda}$，将其代入式（6-24）得

$$\Delta\lambda = \frac{\lambda^2}{2d} \times \frac{D_b^2 - D_a^2}{D_{k-1}^2 - D_k^2} \tag{6-25}$$

从上式可以看出，磁场中光谱分裂的波长差只与波长的大小、间距及比值有关。式中的 D_k、D_{k-1}、D_a 和 D_b 可以通过计算机辅助软件来进行测量。

波数差

$$\Delta\tilde{\nu}_{ab} = \frac{1}{\lambda_b} - \frac{1}{\lambda_a} = \frac{\lambda_a - \lambda_b}{\lambda_a \lambda_b} \approx \frac{\Delta\lambda}{\lambda^2} \tag{6-26}$$

将式（6-25）代入式（6-26）得

$$\Delta\tilde{\nu}_{ab} = \frac{1}{2d} \times \frac{D_b^2 - D_a^2}{D_{k-1}^2 - D_k^2} \tag{6-27}$$

由式（6-27）可知，波数差与相应圆环的直径的平方差成正比。将式（6-27）代入式（6-7）便得到电子的荷质比

$$\frac{e}{m} = \frac{2\pi c}{(M_2 g_2 - M_1 g_1)Bd} \times \frac{D_b^2 - D_a^2}{D_{k-1}^2 - D_k^2} \tag{6-28}$$

注意：在微机塞曼效应实验中直接读出的圆环直径不是实际尺寸，直接读出的直径是 CMOS 相机的像素点之差，实际的尺寸应等于直接读出的数值乘以每个像素点的尺寸。由于分子、分母都要乘以相同的数值（每个像素点的尺寸），这里就省略了这一步，可直接用读出的直径进行计算。

🐌 实验仪器与实验步骤

本实验使用仪器为 ZKY-ZM-Ⅱ+C 微机塞曼效应实验仪。仪器主要是由笔形汞灯及电源、磁场、窄带干涉滤光片、扩束透镜、线偏振片、空气隙 F-P 标准具、CMOS 工业相机及特斯拉计等组成，如图 6-7 所示。

1. CMOS 工业相机的等高共轴粗调

先将 CMOS 相机靠近磁场组件，调节连接杆的高度，使工业镜头入光口与磁场的中心等高；旋转连接杆方向，使工业镜头入光口在磁场左右方向的中心；然后将相机调到轨道上 550 mm 左右的位置。后续实验中不可大范围改变工业相机的轴向位置和高度，只可移动它在导轨上的位置和俯仰。

2. 其他部件的等高共轴调节

调节其他各光学部件等高共轴，具体调节方法为：扩束透镜镜框的上表面与磁铁盖板的下表面对齐，然后调节扩束透镜镜框平行平面与导轨垂直，此时笔形汞灯发光区域的中心就对准了扩束透镜的中心。滤光片和线偏振片按照相同的方法调节。高度调节好后，将偏振片组件及工业相机从导轨上取下。

3. 空气隙 F-P 标准具平行度的调节

调节空气隙 F-P 标准具的高度使光束通过其中心，部件的排放顺序如图 6-8 所示，其中 S 为光源，一般置于磁场中心；IF 为窄带干涉滤光片；L_1 为扩束透镜；F-P 代表空气隙 F-P 标准具。调节扩束透镜的位置，使尽可能强的均匀光束落在 F-P 标准具上。重点调节空气隙 F-P 标准具的平行度。

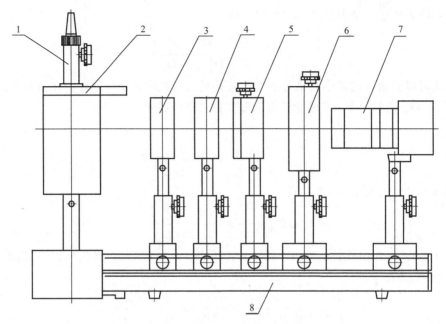

图 6-7　塞曼效应实验仪结构示意图

1—笔形汞灯；2—磁场；3—窄带滤波片；4—扩束镜；
5—线偏振片；6—F-P 标准具；7—工业相机；8—导轨

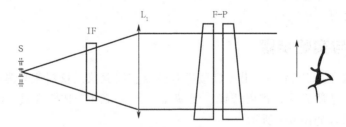

图 6-8　空气隙 F-P 标准具的调节示意图

用滤光片选取汞灯光源的绿谱线，眼睛向标准具的通光孔看去，应看到一系列等倾干涉同心环（近视者必须戴上矫正眼镜才能看清）。从左至右移动眼睛，若看到干涉环冒出或扩大，表示沿此方向标准具内表面间的间距是增大的，应旋紧右边的调节旋钮，或旋松左边的旋钮；若看到干涉环缩小或湮灭，则进行相反的操作。左右旋钮调节好后，再从上而下移动眼睛；若看到干涉环冒出或扩大，表示沿此方向标准具内表面间的间距是增大的，应旋松上面的旋钮；若干涉圆环缩小或湮灭，则拧紧上面的旋钮。整个调试过程的旋钮的调节幅度不宜过大，调节时尽量使三个旋钮不要太紧或太松状态。耐心细致调节三个旋钮，在一个方向调好后，分别将标准具旋转120°、240°，眼睛向任意方向移动时都几乎看不出干涉环大小变化，这时两玻璃板内表面平行，才能得到好的分辨率。注意：该步骤的调节中需要尽量保证实验环境光线较暗，以方便眼睛观察；在调节的过程中，为了使眼睛看到的干涉圆环的视场更大，可能需要调节透镜和标准具之间的位置。

4. 各部件在导轨上的分布

一般将滤光片镜框置于磁铁盖板的下面。调节扩束透镜的位置，使尽可能强的均匀光束落在空气隙标准具上，一般情况下扩束透镜位于导轨上 250～300 mm 的范围内时，成像效果较好。空气隙标准具放置在离扩束透镜 80 mm 左右的位置。为了避免环境光进入镜头对成像效果造成干扰，可以将成像镜头前端尽量靠近空气隙标准具的出光面。最后在加载线偏振片时，为了使整个导轨上所有部件的分布看起来比较均匀，建议将其放置在滤光片和扩束透镜之间。

5. 图像调节

打开软件，观察成像效果。将 CMOS 工业相机固定在导轨上，调节工业镜头的对焦环和光圈，使整个图像清晰明亮。若干涉圆环的中心左右偏离，需调节空气隙标准具的入射角，使圆环的中心位于视场横向上的中心；若上下偏离，调节工业相机滑块座上的俯仰调节装置。整个调节好的状态如图 6-9 所示，左右两侧都能观察到至少两个完整的干涉级次。注意：在调试过程中，对于经验不足的调试者可能会出现眼睛直接观察时认为已将两内表面调平行，但是加上工业相机后成像始终不能调成整个屏幕都清晰的情况。这时，应将工业相机取下，重新用眼睛检查及调节标准具的平行度。

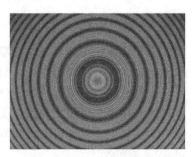

图 6-9　图像调节结果示意图

实验内容

（1）将笔形汞灯固定在磁铁盖板最边缘的位置，调节各部件使图像最清晰，记录此时的图像。

（2）观察谱线分裂的变化。

（3）将笔形汞灯固定在磁场的中心，将图像调至最清晰，采集此时的图像用作计算。

（4）用特斯拉计测量中心磁场处的磁感应强度，并将其输入软件中的相应位置，计算电子的荷质比。

（5）加载线偏振片，转动角度，观察 π 光和 σ 光分量，π 光和 σ 光角度相差 π/2。

实验注意事项

（1）笔形汞灯的光谱中含有大量的紫外成分，应避免眼睛近距离直视汞灯。

（2）使用光学元件时注意不要直接手碰，不用时需要防尘。

（3）光学元件有灰尘需要先用气吹，实在不行需要使用专用的工具清洗。

（4）取下光学元件后水平放置，以避免竖直放置后摔倒。

（5）实验完成后，最好将空气隙 F-P 标准具的三个旋调螺钉松开。

思考题

（1）根据参数计算空气隙 F-P 标准具的自由光谱范围和分辨本领。

（2）本实验是否可以选用其他光源？为什么？

参考文献

[1] 褚圣麟. 原子物理学 [M]. 北京：高等教育出版社，2010.

[2] 母国光，战元龄. 光学 [M]. 2 版. 北京：高等教育出版社，2009.

实验七　核磁共振实验

🌸 背景介绍

在恒定磁场中，磁矩不为零的原子核受到射频场的激励，发生磁能级间共振跃迁的现象叫作核磁共振，英文缩写为 NMR。

十九世纪三十年代，物理学家伊西多·拉比发现在磁场中的原子核会沿磁场方向呈正向或反向有序平行排列，而施加无线电波之后，原子核的自旋方向发生翻转。这是人类关于原子核与磁场以及外加射频场相互作用的最早认识。由于这项研究，拉比于 1944 年获得了诺贝尔物理学奖。

1946 年柏赛耳和布洛赫等人分别在实验中实现了固体石蜡和液体水分子中氢核的共振吸收。此后核磁共振技术迅速发展，现已广泛应用于化学分析、生物、医疗以及地质勘探等众多领域。为此他们两人获得了 1952 年诺贝尔物理学奖。

目前核磁共振已经成为波谱学的一个重要分支，从最初的一维氢谱发展到 ^{13}C 谱、二维核磁共振谱等高级谱图。核磁共振技术解析分子结构的能力也越来越强，进入 1990 年后，人们甚至发展出了依靠核磁共振信息确定蛋白质分子三级结构的技术，使得溶液相蛋白质分子结构的精确测定成为可能。

利用水分子中的氢原子产生的核磁共振现象可以获取人体内水分子分布的信息，从而精确绘制人体内部结构。物理学家保罗·劳特伯尔于 1973 年开发出了基于核磁共振现象的成像技术（MRI），并且应用他的设备成功地绘制出了一个活体蛤蜊的内部结构图像。之后，MRI 技术日趋成熟，应用范围日益广泛，成为一项常规的医学检测手段，广泛应用于帕金森氏症、多发性硬化症等脑部与脊椎病变以及癌症的治疗和诊断。2003 年，保罗·劳特伯尔和英国诺丁汉大学教授彼得·曼斯菲尔因为他们在核磁共振成像技术方面的贡献获得了当年的诺贝尔生理学或医学奖。

利用核磁共振方法可以测量核磁矩，其绝对准确度可以达到 10^{-5}，用这种方法曾测量了 80 多种核的磁矩，在核物理研究中起到了重要的作用。核磁共振方法还可以准确测量磁场，并已经成为一种常用的方法。

核磁共振实验是大多数高校近代物理实验教学的一个必选项目。实验中可以观察 ^{1}H 的 NMR 吸收信号，测定 ^{19}F 的核磁矩及用 NMR 方法测量磁场等。

📖 实验目的

（1）了解核磁共振的实验基本原理。
（2）学习利用核磁共振校准磁场和测量 g 因子的方法。

🌱 实验原理

氢原子中电子的能量不能连续变化，只能取离散的数值。在微观世界中物理量只能取离散数值的现象很普遍。本实验涉及的原子核自旋角动量也不能连续变化，只能取离散值 $p=$

$\sqrt{I(I+1)}\hbar$，式中 I 称为自旋量子数，只能取 0，1，2，3，…整数值或 1/2，3/2，5/2，…半整数值。公式中的 $\hbar=h/2\pi$，而 h 为普朗克常数。对不同的核素，I 分别有不同的确定数值。本实验涉及的质子和氟核 ^{19}F 的自旋量子数 I 都等于 1/2。类似地，原子核的自旋角动量在空间某一方向，例如 z 方向的分量也不能连续变化，只能取离散的数值 $p_z=m\hbar$，其中量子数 m 只能取 I，$I-1$，…，$-I+1$，$-I$ 共 $(2I+1)$ 个数值。

自旋角动量不为零的原子核具有与之相联系的核自旋磁矩，简称核磁矩，其大小为

$$\mu=g\frac{e}{2M}p \tag{7-1}$$

式中，e 为质子的电荷；M 为质子的质量；g 是一个由原子核结构决定的因子。对不同种类的原子核，g 的数值不同，因而称为原子核的 g 因子。值得注意的是，g 可能是正数，也可能是负数。因此，核磁矩的方向可能与核自旋角动量方向相同，也可能相反。

由于核自旋角动量在任意给定的 z 方向只能取 $(2I+1)$ 个离散的数值，因此核磁矩在 z 方向也只能取 $(2I+1)$ 个离散的数值。

$$\mu_z=g\frac{eh}{2m}p \tag{7-2}$$

原子核的核矩通常用 $\mu_N=e\hbar/2M$ 作为单位，μ_N 称为核磁子。采用 μ_N 作为核磁矩的单位以后，μ_z 可记为 $\mu_z=gm\mu_N$。与角动量本身的大小为 $\sqrt{I(I+1)}\hbar$ 相对应，核磁矩本身的大小为 $g\sqrt{I(I+1)}\mu_N$。除了用 g 因子表征核的磁性质外，通常引入另一个可以由实验测量的物理量 γ，γ 为原子核的磁矩与自旋角动量之比：

$$\gamma=\mu/p=ge/2M \tag{7-3}$$

可写成 $\mu=\gamma p$，相应地有 $\mu_z=\gamma p_z$。

当不存在外磁场时，每一个原子核的能量都相同，所有原子核处在同一能级。但是，当施加一个外磁场 B 后，情况发生变化。为了方便起见，通常把 B 的方向规定为 z 方向，由于外磁场 B 与磁矩的相互作用能为

$$E=-\mu B=-\mu_z B=-\gamma P_z B=-\gamma m\hbar B \tag{7-4}$$

因此量子数 m 取值不同，核磁矩的能量也就不同，从而原来简并的同一能级分裂为 $(2I+1)$ 个子能级。由于在外磁场中各个子能级的能量与量子数 m 有关，因此量子数 m 又称为磁量子数。这些不同子能级的能量虽然不同，但相邻能级之间的能量间隔 $\Delta E=\gamma\hbar B$ 却是一样的。而且，对于质子而言，$I=1/2$，因此，m 只能取 $m=1/2$ 和 $m=-1/2$ 两个数值，施加磁场前后的能级分别如图 7-1（a）和（b）所示。

$m=-1/2$，$E-1/2=-\gamma\hbar B/2$

$m=+1/2$，$E+1/2=-\gamma\hbar B/2$

（a）施加磁场前　　　（b）施加磁场后

图 7-1　能级分类原理图

当施加外磁场 B 后，原子核在不同能级上的分布服从玻尔兹曼分布，显然处在下能级的粒子数要比上能级的多，其差数由 ΔE 大小、系统的温度和系统的总粒子数决定。这时，

若在与 B 垂直的方向上再施加一个高频电磁场，通常为射频场。当射频场的频率满足 $h\nu = \Delta E$ 时，会引起原子核在上下能级之间跃迁，但由于一开始处在下能级的核比在上能级的要多，因此净效果是往上跃迁的比往下跃迁的多，从而使系统的总能量增加，这相当于系统从射频场中吸收了能量。$h\nu = \Delta E$ 时，引起的上述跃迁称为共振跃迁，简称为共振。显然共振时要求 $h\nu = \Delta E = \gamma \hbar B$，从而要求射频场的频率满足共振条件：

$$\nu = \frac{\gamma}{2\pi}B \tag{7-5}$$

如果用角频率 $\omega = 2\pi\nu$ 表示，共振条件可写成

$$\omega = \gamma B \tag{7-6}$$

如果频率的单位为 Hz，磁感应强度的单位为 T（特斯拉），对裸露的质子而言，经过大量测量得到 $\gamma/2\pi = 42.577469$ MHz/T；但是对于原子或分子中处于不同基团的质子，由于不同质子所处的化学环境不同，受到周围电子屏蔽的情况不同，$\gamma/2\pi$ 的数值将略有差别，这种差别称为化学位移。对于温度为 25℃ 球形容器中水样品的质子，$\gamma/2\pi = 42.577469$ MHz/T，本实验可采用这个数值作为很好的近似值。通过测量质子在磁场 B 中的共振频率 ν_H，可实现对磁场的校准，即

$$B = \frac{\nu_H}{\gamma/2\pi} \tag{7-7}$$

反之，若 B 已经校准，通过测量未知原子核的共振频率 ν 便可求出原子核的 γ 值（通常用 $\gamma/2\pi$ 值表征）或 g 因子：

$$\frac{\gamma}{2\pi} = \frac{\nu}{B} \tag{7-8}$$

$$g = \frac{\nu/B}{\mu_N/h} \tag{7-9}$$

式中，$\mu_N/h = 7.6225914$ MHz/T。

通过上述讨论，要发生共振必须满足 $\nu = (\gamma/2\pi)B$。为了观察到共振现象，通常采用两种方法：一种是固定 B，连续改变射频场的频率，这种方法称为扫频方法；另一种方法，也就是本实验采用的方法，即固定射频场的频率，连续改变磁场的大小，这种方法称为扫场方法。如果磁场的变化不是太快，而是缓慢通过与频率 ν 对应的磁场时，用一定的方法可以检测到系统对射频场的吸收信号，如图 7-2（a）所示，称为吸收曲线，这种曲线具有洛伦兹型曲线的特征。但是，如果扫场变化太快，得到的将是如图 7-2（b）所示的带有尾波的衰减振荡曲线。然而，扫场变化的快慢是相对具体样品而言的。例如，本实验采用的扫场为频率

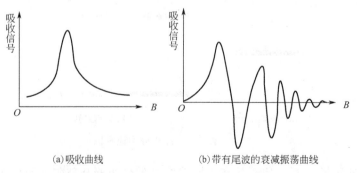

(a)吸收曲线   (b)带有尾波的衰减振荡曲线

图 7-2　磁场与吸收信号的关系曲线

50 Hz、幅度在 $10^{-5} \sim 10^{-3}$ T 的交变磁场，对固态的聚四氟乙烯样品而言是变化十分缓慢的磁场，其吸收信号将如图 7-2（a）所示；而对于液态的水样品而言却是变化太快的磁场，其吸收信号将如图 7-2（b）所示，而且磁场越均匀，尾波中振荡的次数越多。

🐒 实验仪器

实验装置的示意图如图 7-3 所示，它由永久磁铁、扫场线圈、DH2002A 型核磁共振仪、探头、DH2002A 型核磁共振仪电源、数字频率计、示波器构成。

永久磁铁：对永久磁铁的要求是有较强的磁场、足够大的均匀区和均匀性好。本实验所用的磁铁中心磁场 B_0 约 0.48 T，在磁场中心范围内，均匀性优于 10^{-5}。

扫场线圈：用来产生一个幅度在 $10^{-5} \sim 10^{-3}$ T 的可调交变磁场，用于观察共振信号。扫场线圈的电流由变压器隔离降压后输出交流 6 V 的电压产生。扫场的幅度大小可通过调节核磁共振仪电源面板上的扫场电流电位器调节。

探头：本实验提供两个样品，其中一个样品为

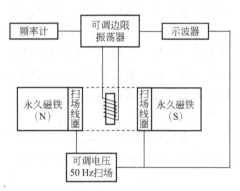

图 7-3 实验装置示意图

水（掺有硫酸铜），另一个为固态的聚四氟乙烯。样品可以由样品孔自由取放。

测试仪由探头和边限振荡器组成。探头由探测线圈和样品组成，可以沿永久磁铁左右移动，以改变探测线圈在磁场中的位置。样品分别为液态 ^{1}H 样品和固态 ^{19}F 样品。液态 ^{1}H 样品装在圆玻璃管中，固态 ^{19}F 样品为圆条状，均可直接从探测线圈内方便地取放。探测线圈是一个空心线圈，将这个线圈插入磁场中，线圈的取向与 B_0 垂直。线圈两端的引线与测试仪中处于反向接法的变容二极管（充当可变电容）并联构成 LC 电路，并与晶体管等非线性元件组成振荡电路。当电路振荡时，线圈中即有射频场产生并作用于样品上。改变二极管两端反向电压的大小可改变二极管两个之间的电容 C，由此来达到调节频率的目的。探测线圈兼作探测共振信号的线圈，其探测原理如下：

测试仪中的振荡器不是在振幅稳定的状态工作，而是在刚刚起振的边限状态工作（边限振荡器由此得名），这时电路参数的任何改变都会引起工作的变化。当共振发生时，样品要吸收射频场的能量，使振荡线圈的品质因数 Q 值下降，Q 值的下降将引起工作状态的改变，表现为振荡波形包络线发生变化，这种变化就是共振信号经过检波、放大，经由 "NMR 输出" 端与示波器连接，即可从示波器上观察到共振信号。振荡器未经检波的高频信号经由 "频率输出" 端直接输出到数字频率计，从而可直接读出射频场的频率。

测试仪正面面板，由一个十圈电位器作为频率调节旋钮。此外，还有一个幅度调节旋钮（工作电流调节），适当调节这个旋钮可以使共振吸收的信号最大，但由于调节幅度旋钮时会改变振荡管的极间电容，从而对频率和幅度也有一定影响，"频率输出" 与数字频率计连接，"NMR 输出" 与示波器连接，"电压输入" 与电源上的 "电源输出" 连接。

核磁共振仪电源前面板由 "扫描电源开关" "扫场调节" "X 轴偏转调节" "电源开关" 组成，"扫场电源输出" 与永久磁场底座上的扫场面输入连接，"电源输出" 与测试仪上的 "电压输入" 连接。为了使示波器的水平扫描与磁场扫描同步，将扫场信号 "X 轴偏转输出" 与示波器上加到示波器的 X 轴（外接），以保证在示波器上观察到稳定的共振信号。

实验内容与实验步骤

1. 校准永久磁铁中心的磁场 B_0

把水样品（掺有硫酸铜）轻轻放入探测线圈的圆孔中，并将探头位置移动到磁场中心，即刻度为"0"处。将测试仪前面板上的"探测线圈"端与探头相连；"频率输出"和"NMR 输出"分别与频率计和示波器连接。把示波器相应通道的纵向放大旋钮放在 50 mV/格或 0.1 V/格位置，扫描速度旋钮放在 1 ms/格位置；核磁共振仪电源的"X 轴偏转输出"加到示波器的 X 轴（外接）连接。打开频率计、示波器和核磁共振仪电源的工作电源开关以及扫场电源开关，这时频率计应有读数。将核磁共振仪电源的"扫场电源输出"与磁场底座上的"扫场电源输入"相连接，打开电源开关并把输出调节在较大数值，缓慢调节测试仪频率旋钮，改变振荡频率（由小到大或由大到小），同时监视示波器，搜索共振信号，注意示波器的触发方式选择为外接。如果信号同步不好，微调"X 轴偏转调节"或示波器的触发微调。

什么情况下才会出现共振信号？共振信号又是什么样呢？实际工作时的磁场是永久磁铁的磁场 B_0 和一个 50 Hz 的交变磁场叠加的结果，总磁场为

$$B = B_0 + B'\cos\omega't \tag{7-10}$$

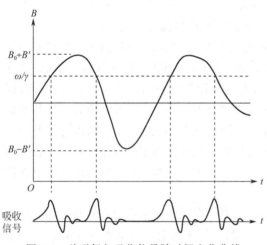

图 7-4 总磁场与吸收信号随时间变化曲线

式中，B' 为交变磁场的幅度；ω' 为交变电场的角频率。总磁场 B 在 $(B_0-B')\sim(B_0+B')$ 的范围内按图 7-4 的正弦曲线随时间变化。由式（7-6）可知，只有 ω/γ 落在这个范围内才能发生共振。为了容易找到共振信号，要加大 B'（即把扫场的输出调到较大数值），使可能发生共振的磁场变化范围增大；另一方面要调节射频场的频率，使 ω/γ 落在这个范围。一旦 ω/γ 落在这个范围，在磁场变化的某些时刻总磁场 $B=\omega/\gamma$，在这些时刻就能观察到共振信号，如图 7-4 所示。共振发生在 $B=\omega/\gamma$ 的水平虚线与代表总磁场变化的正弦曲线交点对应的时刻。如前所述，水的共振信号将

如图 7-2（b）所示，而且磁场越均匀尾波中的振荡次数越多，因此一旦观察到共振信号后，应进一步仔细调节测试仪的左右位置，使尾波中振荡的次数最多，亦即使探头处在磁铁中磁场最均匀的位置。

由图 7-4 可知，只要 ω/γ 落在 $(B_0-B')\sim(B_0+B')$ 范围内就能观察到共振信号，但这时 ω/γ 未必正好等于 B_0，从图上可以看出：当 $\omega/\gamma \neq B_0$ 时，各个共振信号发生的时间间隔并不相等，共振信号在示波器上的排列不均匀。只有当 $\omega/\gamma = B_0$ 时，它们才均匀排列，这时共振发生在交变磁场过零时刻，而且从示波器的时间标尺可测出它们的时间间隔为 10 ms。当然，当 $\omega/\gamma = B_0-B'$ 或 $\omega/\gamma = B_0+B'$ 时，在示波器上也能观察到均匀排列的共振信号，但它们的时间间隔不是 10 ms，而是 20 ms。因此，只有当共振信号均匀排列而且间隔为 10 ms 时才有 $\omega/\gamma = B_0$，这时频率计的读数才是与 B_0 对应的质子的共振频率。

作为定量测量，除了要求有待测量的数值外，还要关心如何减小测量误差，并力图对误

差的大小作出定量估计从而确定测量结果的有效数字。从图 7-4 可以看出，一旦观察到共振信号，B_0 的误差不会超过扫场的幅度 B'。因此，为了减小估计误差，在找到共振信号之后应逐渐减小扫场的幅度 B'，并相应地调节射频场的频率，使共振信号保持间隔为 10 ms 的均匀排列。在能观察到和分辨出共振信号的前提下，力图把 B' 减小到最低程度，记下 B' 达到最小而且共振信号保持间隔为 10 ms 均匀排列时的频率 ν_H，利用水中质子的 $\gamma/2\pi$ 值和式 (7-7) 求出磁场中待测区域的 B_0 值。顺便指出，当 B' 很小时，由于扫场变化范围小，尾波中振荡的次数也可能变少，这是正常的，并不是磁场变得不均匀。

为了定量估计 B_0 的测量误差 ΔB_0，首先必须测出 B' 的大小。可采用以下步骤：

保持这时扫场的幅度不变，调节射频场的频率，使共振先后发生在 (B_0+B') 与 (B_0-B') 处，这时图 7-4 中与 ω/γ 对应的水平虚线将分别与正弦波的峰顶和谷底相切，即共振分别发生在正弦波的峰顶和谷底附近。这时从示波器看到的共振信号均匀排列，但时间间隔为 20 ms，记下这两次的共振频率 ν_H' 和 ν_H''，利用公式

$$B' = \frac{(\nu_H' - \nu_H'')/2}{\gamma/2\pi} \tag{7-11}$$

可求出扫场的幅度。

实际上 B_0 的估计误差比 B' 还要小，这是由于借助示波器上网格的帮助，共振信号排列均匀程度的判断误差通常不超过 10%。由于扫场大小是时间的正弦函数，容易算出相应的 B_0 的估计误差是扫场幅度 B' 的 80% 左右，考虑到 B' 的测量本身也有误差，可取 B' 的 1/10 作为 B_0 的估计误差，即取

$$\Delta B_0 = \frac{B'}{10} = \frac{(\nu_H' - \nu_H'')/20}{\gamma/2\pi} \tag{7-12}$$

式 (7-12) 表明，由峰顶与谷底共振频率差值的 1/20，利用 $\gamma/2\pi$ 数值可求出 B_0 的估计误差 ΔB_0。本实验 ΔB_0 只要求保留一位有效数字，进而可以确定 B_0 的有效数字，并要求给出测量结果的完整表达式，即：

$$B_0 = 测量值 \pm 估计误差$$

适当增大 B'，观察到尽可能多的尾波振荡，然后向左（或向右）逐渐移动测试仪在磁场中的左右位置，使前端的样品探头从磁铁中心逐渐移动到边缘，同时观察移动过程中共振信号波形的变化并加以解释。

选做实验：用水样品，测试不同位置的磁场大小。换用不同的含水样品，观察波形的区别，如纯水样品、含三氯化铁的水样品、新鲜的植物样品等。注意，样品的直径不能过小，否则会降低灵敏度。

2. 测量 ^{19}F 的 g 因子

把样品换为聚四氟乙烯圆条，并置于磁场中心位置。示波器的纵向放大旋钮调节到 50 mV/格，用与测量水样品相同的方法和步骤，测量聚四氟乙烯中 ^{19}F 与 B_0 对应的共振频率 ν_F，以及在峰顶及谷底附近的共振频率 ν_F' 及 ν_F''，用 ν_F 和式 (7-9) 求出 ^{19}F 的 g 因子。根据式 (7-9)，g 因子的相对误差为

$$\frac{\Delta g}{g} = \sqrt{\left(\frac{\Delta \nu_F}{\nu_F}\right)^2 + \left(\frac{\Delta B_0}{B_0}\right)^2} \tag{7-13}$$

式中，B_0 和 ΔB_0 为校准磁场得到的结果，与上述估计 ΔB_0 的方法类似，可取 $\Delta \nu_F = (\nu_F' - \nu_F'')/20$ 作为 ν_F 的估计误差。

求出 $\Delta g/g$ 之后可利用已算出的 g 因子求出绝对误差 Δg，Δg 也只保留一位有效数字并由它确定 g 因子测量结果的完整表达式。观测聚四氟乙烯中氟的共振信号时，比较它与掺有硫酸铜的水样品中质子的共振信号波形的差别。

🔬 实验仪器

核磁共振教学仪器用于证实原子核磁矩的存在及测量原子核磁矩的大小，由此推导出原子核的 g 因子，它是近代物理实验中具有代表性的实验。本实验选用 DH2002A 型核磁共振教学仪器，它是由边限振荡器、扫描电源、磁铁及频率计、示波器组成的教学测量系统。它具有操作简易、信噪比高、教学效果直观、便于演示和教学等优点。

1. 工作原理

将含有 ^{1}H 的样品置于具有射频场的线圈中，然后一起进入均匀磁场 B_0 中。当射频场的频率满足核磁共振条件 $\nu = \dfrac{\gamma}{2\pi} B_0$ 时（式中，ν 为射频场频率；$\dfrac{\gamma}{2\pi}$ 为原子核回旋比，其中 ^{1}H 回旋比为 $42.577\,\text{MHz/T}$；B_0 为均匀磁场的磁感应强度），^{1}H 从低能态跃迁到高能态同时吸收射频场的能量，从而使得线圈的 Q 值降低产生共振信号。

为了能连续观察共振信号，在磁场 B_0 上外加扫描磁场。当射频的频率固定为 f_0 时，在磁场 B_0 扫过共振点 B_0^1（B_0^1 为 f_0 所对应的共振磁场）时产生共振信号。

2. 仪器结构（图 7-5）

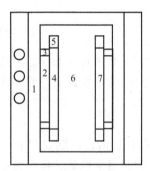

图 7-5 磁铁结构俯视图
1—主体；2—磁钢；3—线圈；
4—纯铁；5—磁场均匀度调节板；
6—间隙；7—位置标尺

（1）磁铁结构。这些部件全部安装在底座上；另外，扫场电源也通过底座上的 2 个插孔加到扫场线圈。底座的接地柱用于连接各仪器的外壳，以达到减小干扰的作用，接地方式可以根据干扰的程度选择连接。

（2）探头。它内有用于产生射频场的探测线圈、骨架，通过顶部的 Q9 高频插用屏蔽线连接到边限振荡器。样品放置于中空的骨架孔中，可以自由地取放，方便开设探究实验。探头在磁场中的位置，可通过探头座在磁场体上方滑动来改变，并由标尺指示。

（3）核磁共振仪电源（图 7-6）。

① 扫场电源开关：控制扫场电源的开与关（电源开指示灯亮）。

② 扫场调节旋钮：用于捕捉共振信号，顺时针调节幅度会增加。

③ X 轴偏转调节旋钮：用于相位的调节，顺时针调节幅度会增加。

④ 电源开关：控制电源的开与关（电源开指示灯亮）。

⑤ 扫场电源输出：用连接线连接到磁铁底座上的接线柱。

⑥ 电源输出（三芯航空插头）：供"边限振荡器"工作电源。

⑦ X 轴偏转输出：用 Q9 连接线接到示波器的外接输入。

（4）核磁共振仪边限振荡器（图 7-7）。边限振荡器的振荡频率通过改变加在变容二极管两端的电压来改变，振荡频率在 $18.5 \sim 22.5\,\text{MHz}$ 之间可调。工作电流旋钮的作用是改变变容二极管的工作电流，以改变信号的幅度大小，所以相当于改变了增益。

（5）有关核磁共振仪的面板说明。图 7-8 为观察核磁共振信号原理图。

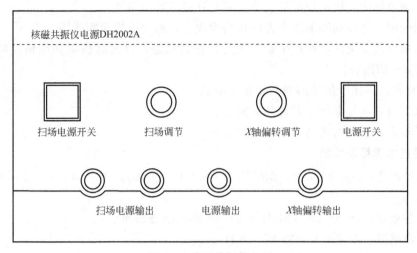

图 7-6　核磁共振仪电源

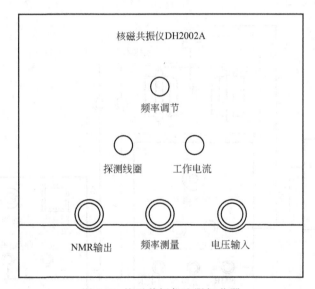

图 7-7　核磁共振仪边限振荡器

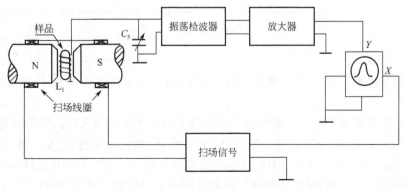

图 7-8　观察核磁共振信号原理图

① 频率调节旋钮：用于频率的调节，顺时针调节频率增加。

② 探测线圈：连接到磁场体上方的探头滑块上，用于连接探测线圈。

③ 工作电流调节旋钮：使振荡器处于边限振荡状态，以提高核磁共振信号的检测灵敏度，并避免信号的饱和。

④ NMR 输出：用于信号的观测，接示波器。

⑤ 频率测量：接频率计，测量共振频率。

⑥ 电压输入：边限振荡器的工作电源输入。

3. 主要技术指标及参数

（1）信号幅度：^{1}H≥200 mV，信噪比为 100∶1（40 dB）；^{19}F≥20 mV，信噪比为 20∶1（26 dB）。

（2）振荡频率：18.5～22.5 MHz 可调（频率根据磁铁而定）。

（3）工作电源：AC220 V±22 V，50 Hz。

4. 核磁共振调试步骤

（1）连接图（图 7-9）。

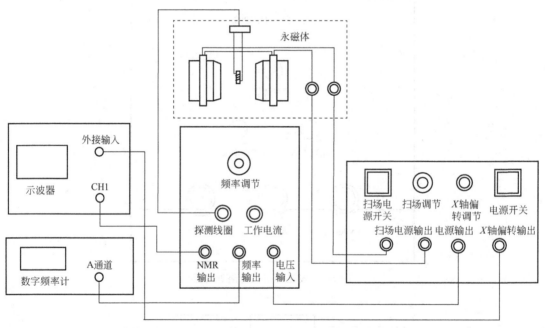

图 7-9　核磁共振实验仪器连接

（2）调试步骤。

① 将"扫场电源"的"扫场输出"两个输出端，接磁铁底座上的扫场线圈扫场电源输入。

② 将"边限振荡器"的"探测线圈"端连接至磁体上方的探头座；"NMR 输出"用 Q9 线接示波器 CH1 通道或 CH2 通道；"频率输出"用 Q9 线接频率计的 A 通道（频率计的通道选择：A 通道，即 1Hz～100 MHz；Fuction 选择 FA；GATE　TIME 选择 1s）。

③ "扫场电源"的"扫场调节旋钮"顺时针调至中间位置（对于 ^{1}H 样品，可以稍小些；^{19}F 可以稍大些），这样可以加大捕捉信号的范围。

④ 将硫酸铜样品轻轻放入探头中并将其置于磁铁中心位置。调节"边限振荡器"的频率节电位器，将频率调节至磁铁侧面标志的^{1}H 共振频率附近，在此附近捕捉信号；调节旋钮时要慢，因为共振范围小，很容易跳过。注意：因为磁铁的磁感应强度随温度的变化而变化（成反比关系），所以应在标志频率附近±1 MHz 的范围进行信号的捕捉。

⑤ 调出共振信号后，对于^{1}H 样品，适当逆时针转动扫场幅度，以降低扫描磁场的幅度；对于^{19}F 样品，扫场幅度以有利于波形观察为准。调节核磁共振仪上的频率旋钮，使示波器上的 NMR 信号的间距等宽（约 10 ms）。同时通过移动探头座来调节探头在磁铁中的空间位置，以得到最强、尾波最多、弛豫时间最长的共振信号。

⑥ 测量^{19}F 时，将测得的^{1}H 的共振频率除以 42.577 再乘 40.055，即得到^{19}F 的共振频率（比如^{1}H 的共振频率为 20.000 MHz，则^{19}F 的共振频率为 20.000 MHz/42.577×40.055＝18.815 MHz）。由于^{19}F 的共振信号较小，当观察到共振信号后，应适当地降低扫场幅度，这是因为样品的弛豫时间过长会导致饱和现象而引起信号变小。一般射频幅度会随样品不同而不同，表 7-1 列举了部分样品的核自旋量子数磁矩和回旋频率。

表 7-1 核自旋量子数磁矩和回旋频率

核素	自旋量子数 I	磁矩 μ/μ_N	回旋频率/$(MHz \cdot T^{-1})$
^{1}H	1/2	2.79270	42.577
^{2}H	1	0.85738	6.536
^{3}H	1/2	2.9788	45.414
^{12}C	0		
^{13}C	1/2	0.70216	10.705
^{14}N	1	0.40357	3.076
^{15}N	1/2	−0.28304	4.315
^{16}C	0		
^{17}O	5/2	−1.8930	5.772
^{18}O	0		
^{19}F	1/2	2.6273	40.055
^{31}P	1/2	1.1305	17.235

实验注意事项

（1）磁极面是经过精心抛光的软铁，要防止损伤表面，以免影响磁场的均匀性，并采取有效措施严防极面生锈。

（2）样品线圈的几何形状和绕线状况对吸收信号的质量影响较大，在安放时应注意保护，防止变形及破碎。

（3）适当提高射频幅度可提高信噪比，然而，过大的射频幅度会引起振荡器的自激。

思考题

（1）什么样的原子核能产生核磁共振？为什么？

（2）^{1}H 在水中的核磁共振频率与在石蜡中的共振频率是否相同？为什么？

（3）核磁共振仪和 CT 一样，可以用来进行无损伤探测，试分析其原理。

（4）举例说明核磁共振现象的应用。

参考文献

[1] 邱建峰，王鹏程，鲁雯，等. 核磁共振实验设计探讨 [J]. 中国医学装备，2005，2（12）：30-32.

[2] 朱俊，郭原，尚鹤龄，等. 核磁共振实验的误差研究 [J]. 云南师范大学学报（自然科学版），2009，29（3）：43-45.

实验八　电子顺磁共振

⚙ 背景介绍

电子顺磁共振（EPR）是由不配对电子的磁矩发展而来的一种磁共振技术，可以定性和定量地检测物质原子或分子中所含的不配对电子，并探索其周围环境的结构特性。对自由基而言，轨道磁矩几乎不起作用，总磁矩的绝大部分（99%以上）的贡献来自电子自旋，所以电子顺磁共振亦称"电子自旋共振"（ESR）。

电子自旋是电子的基本性质之一。1925年乌伦贝克和古兹密特受到泡利不相容原理的启发，分析原子光谱的一些实验结果，提出电子具有内禀运动——自旋，并且有与电子自旋相联系的自旋磁矩，由此可以解释原子光谱的精细结构及反常塞曼效应。1928年狄拉克提出电子的相对论波动方程，方程中自然地包括了电子自旋和自旋磁矩。电子自旋是量子效应，不能做经典的理解，如果把电子自旋看成绕轴的旋转，则得出与相对论矛盾的结果。

电子顺磁共振首先是由苏联物理学家扎沃伊斯基于1944年从 $MnCl_2$、$CuCl_2$ 等顺磁性盐类发现的。物理学家最初用这种技术研究某些复杂原子的电子结构、晶体结构、偶极矩及分子结构等问题。以后化学家根据电子顺磁共振测量结果，阐明了复杂的有机化合物中的化学键和电子密度分布以及与反应机理有关的许多问题。美国的康芒纳等人于1954年首次将电子顺磁共振技术引入生物学领域，他们在一些植物与动物材料中观察到自由基存在。20世纪60年代以来，由于仪器不断改进和技术不断创新，电子顺磁共振技术已在物理学、半导体、有机化学、络合物化学、辐射化学、化工、海洋化学、催化剂、生物学、生物化学、医学、环境科学、地质探矿等许多领域得到广泛的应用。

🗐 实验目的

（1）学习电子自旋共振的基本原理、实验现象、实验方法。

（2）测量 DPPH 样品电子的 g 因子及共振线宽。

🌱 实验原理

根据原子物理学基本理论可知，电子自旋角动量值应为 $p_s = \sqrt{S(S+1)}\hbar$，S 是自旋量子数。由于电子带负电，所以其自旋磁矩应是平行于角动量的。当它处于稳恒磁场中时，将获得（2S+1）个可能取向。或者说，磁场的作用将电子能级劈裂成（2S+1）个次能级。简言之，两相邻次级间的能量差为：

$$\Delta E = g_e \mu_B B_0 \tag{8-1}$$

如果在电子所在的稳恒磁场区再叠加一个同稳恒磁场垂直的交变磁场 B_1，而它的频率 f 又恰好调整到使一个量子的能量 hf_0 刚好等于 ΔE，即：

$$hf_0 = g_e \mu_B B_0$$

则两邻近能级间就有跃迁，即发生 ESR 现象，则：

$$f_0 = g_e \frac{\mu_B}{h} B_0 \qquad (8\text{-}2)$$

或

$$\omega_0 = g_e \frac{\mu_B}{h} B_0$$

式中，$h = 6.6262 \times 10^{-34}$ J·s，为普朗克常数；$\mu_B = 9.274 \times 10^{-24}$ J/T，为玻尔磁子。

当 $S = \frac{1}{2}$ 时，$g_e = 2.0023$，则

$$f_0 = 2.8024 B_0 \qquad (8\text{-}3)$$

式中，f_0 的单位是 MHz；B_0 单位为 Gs（1 Gs $= 10^{-4}$ T）。

可见：

① 当交变磁场 B_1 的频率 f_0 在射频段，如 $f_0 = 28$ MHz，则 B_0 约为 10 Gs。

② 当交变磁场 B_1 的频率 f_0 在微波段，如 $f_0 = 9247$ MHz，则 B_0 约为 3300 Gs。f_0 为 9247 MHz，该频率对应为 3 cm 微波波段的频率。

故 ESR 实验可有两种安排，这里研究射频段电子自旋共振。进一步分析可知，在 ESR 中也有两个过程同时起作用：

① 受激跃迁过程：受激跃迁过程中，从整个系统来说是电子自旋磁矩吸收 B_1 的能量占优势，使高、低能级上粒子差数减少而趋于饱和。

② 弛豫过程：自旋-晶格相互作用，这是自旋电子与周围其他质点交换能量，使电子自旋磁矩在磁场中从高能级状态返回低能级状态，以恢复玻尔兹曼分布，这种作用的特征时间用 T_1 表示，即自旋-晶格弛豫时间。自旋-自旋相互作用发生于自旋电子之间，使得各个自旋电子所处的局部场不同，其共振频率也相应有所差别，从而电子自旋磁矩在横向平面上的投影趋于完全的无规则分布，这种作用特征时间用 T_2 表示，称为自旋-自旋弛豫时间。

对于电子自旋共振，需要特别指出的：

① μ_B 与 P_e 的方向相反时，ν_e 取负值。

② 射频磁场 B_1 起作用的是圆偏振场的右旋场。

③ 由于电子磁矩（玻尔磁子 μ_B）是核磁子 μ_N 的 1836 倍，故 ESR 的自旋-自旋弛豫比核系统强，因此所得到的共振吸收曲线线宽较宽。

🔬 实验仪器

ESR 实验中的恒定磁场 B 与扫场磁场 B' 由两个同轴螺线管线圈通电后产生，如图 8-1 所示。

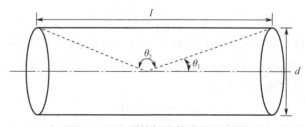

图 8-1　两个同轴螺线管线圈示意图

$$B_0 = 4\pi n I \times 10^{-7} \cos\theta_1 = 4\pi n I \frac{1}{\sqrt{1 + (d/l)^2}} \times 10^{-7} \qquad (8\text{-}4)$$

式中，n 为单位长度上的线圈匝数，匝/m；I 为单位电流，A；B_0 为磁感应强度，T。50Hz 交流电流经扫场线圈时产生 B，$B=B_m\cos(\omega t)$，B_0 和 B 的方向垂直于水平面。螺线管中心处的核磁感应强度为

$$B=B_0+B_m\cos(\omega t) \tag{8-5}$$

本实验采用含有自由基的有机物"DPPH"，其结构简式如图 8-2 所示。由图可知，在其中一个氮原子上存在一个未偶电子——自由基，ESR 就是观测该电子的自旋共振现象。对于这种"自由电子"没有轨道磁矩，只有自旋磁矩，因此实验中观察到的共振现象为 ESR。这里需要指出这种"自由电子"也并不是完全自由的，它的 g_e 值为 2.0023 ± 0.0002，DPPH 的 ESR 信号很强，其 g_e 值常用作测量其值接近 2.00 的样品的一个标准信号，通过对各种顺磁物质的共振吸收谱线 g_e 因子的测量，可以精确测量电子能级的差异，从而获得原子结构的信息。

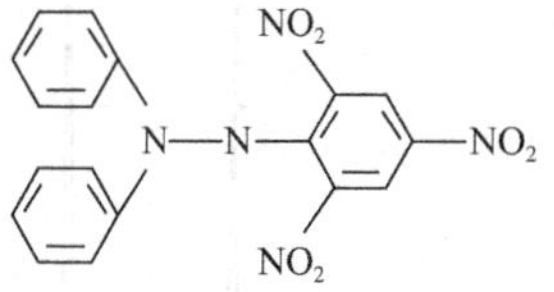

图 8-2　"DPPH"结构简式

根据式（8-2），如果实验中测得了共振频率 f_0 和相应的恒定磁场 B_0，便可计算出电子的 g_e 因子，即

$$g_e=0.7145\frac{f_0}{B_0} \tag{8-6}$$

式中，f_0 的单位是 MHz；B_0 单位为 Gs。

实验内容与实验步骤

（1）根据图 8-3 检查仪器线路，熟悉有关使用方法，通电预热，观察它是否正常工作。在此前提下，需做到：

① 调节振荡器的频率调节，使频率计示值为 $20\sim33$ MHz。

② 螺线管恒定磁场的工作电源为 $8\sim12$ V。

③ 扫场调节为最大输出。

④ 调节示波器，使"X 轴作用"的扩展扫描为某一示位，使"Y 轴作用"灵敏度为某一示位。最终应在示波器上观察到位置、幅值适当的共振吸收信号。

⑤ 在得到共振信号后，在确定 f_0 不变情况下调节 B，以求获得等间距共振信号，如

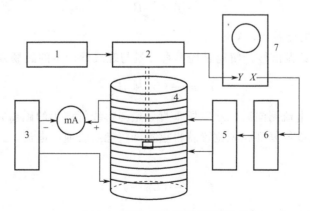

图 8-3　ESR 实验设备框架图

1—频率计；2—边限振荡器；3—稳流电源；4—螺线管；
5—50 Hz 扫场电源；6—移项器；7—示波器

图 8-4 所示。

⑥ 在得到等间距共振信号后，分别依次改变磁感应强度 B、射频频率 f、扫场幅度，观察信号的位置和形状变化。

⑦ 重新调好等间距共振信号，将"X 轴作用"转至"外接"某一示位，即在屏上观察到图 8-5 所示的两个形状近似对称波形的信号。

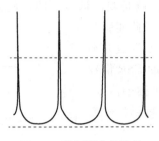

图 8-4 等间距共振信号

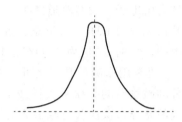

图 8-5 对称波形信号

⑧ 调节移相，使之初步得到左右对称、高度适中、尖峰重合的波形。

⑨ 计算 B_0 值。根据式（8-4）可得

$$B_0 = 4\pi \frac{NV}{lR} \cos\theta_1 \times 10^{-3} (\text{Gs}) \tag{8-7}$$

式中　N——线圈匝数，本实验参考值约为 346 匝；

　　　l——线圈绕制长度，若为 182 mm，即取值 0.182 m；

　　　V——螺线管磁场电压；

　　　R——螺线管电阻，本实验中的螺线管电阻参考值为 15.1Ω，精确值可以自行测量；

　　　θ_1——图 8-1 所示角度，根据本实验产生恒定磁场 B_0 的螺线管尺寸（绕线部分：l 为 182 mm、d 为 148 mm、线径 0.47 mm），可得：$\theta_1 = 39.2°$。

（2）消除地磁场影响。地磁场的存在必然影响 B_0 的计算，无论螺线管如何放置，地磁场的水平分量或垂直分量必叠加在 B_0 之上，因此必须消除，其方法就是采取螺线管通电电流倒向法。

因

$$f = \frac{\nu}{2\pi} B \tag{8-8}$$

式中，ν 为电子的旋磁比，MHz。

先按图 8-5 调定共振信号，使地磁场垂直分量与螺线管产生的磁场方向相同，故：

$$f_0 = \frac{\nu}{2\pi}(B_0 + B_{\text{地}}) \tag{8-9}$$

而当螺线管通电电流倒向后，地磁场垂直分量与螺线管产生的磁场方向相反，合成磁场使共振信号偏移，如欲恢复到原先位置就得重新调整螺线管通电电流，此时螺线管产生磁场 B_0'，有

$$f_0 = \frac{\nu}{2\pi}(B_0' - B_{\text{地}}) \tag{8-10}$$

将式（8-9）、式（8-10）两式相加得

$$f_0 = \frac{\nu}{2\pi} \times \frac{(B_0 + B_0')}{2} \tag{8-11}$$

B_0 方向的变化可由改变螺线管的电流方向来实现。固定频率 ν，调节 B_0，使共振信号等间距，然后让 B_0 反方向并调节 B_0，使共振信号等间距，由此可求出地球磁场的垂直分量。

（3）测 g_e 因子。根据公式

$$g_e = 0.7145 \times \frac{f_0}{B_0} (\text{MHz/Gs}) \tag{8-12}$$

给定一个 f_0 的情况下，采用上述消除地磁场的方法可求得 B_0 值，再通过式（8-12）计算 g_e 值。

（4）测共振线宽，并估算 T_2 值。实际的 NMR 及 ESR 不只是发生在单一频率上，而是发生在一定频率范围，即谱线有一定的宽度。共振吸收信号的谱线宽度（简称线宽），通常用半高宽表示，如图 8-6 所示：

在 B_0 不是很强时：

$$\omega_0 - \omega = \frac{\Delta\omega}{2} = \frac{1}{T_2} \tag{8-13}$$

又因 $\Delta\omega = \nu\Delta B$，则可测得 T_2 值：

$$T_2 = \frac{2}{\nu\Delta B} \tag{8-14}$$

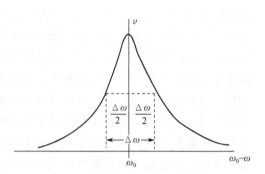

图 8-6　谱线宽度示意图

💡 实验注意事项

（1）连线完成后反复检查核对。

（2）样品部分不要用手触摸，有问题请指导教师处理。

（3）注意示波器是否处于正确的工作模式。

✒ 思考题

（1）不含有自由基的样品是否可以测量获得信号？为什么？

（2）边限振荡器在实验中的作用是什么？

（3）举例说明电子顺磁共振的使用场景。

参考文献

[1] 郭德勇，韩德馨. 构造煤的电子顺磁共振实验研究 [J]. 中国矿业大学学报，1999，28（1）：94-97.

[2] 吴大猷. 理论物理：量子论与原子结构 [M]. 北京：科学出版社，1983.

实验九　光磁共振

🜛 背景介绍

光磁共振亦称光泵磁共振，是指原子、分子的光学频率的共振与射频或微波频率的磁共振同时发生的双共振现象。对于原子或分子的基态磁共振，由于原子束、分子束或气体状态的原子、分子密度低，信号非常微弱，难以直接观察到共振信号。二十世纪五十年代初，Kastler 等人发展了光抽运技术，利用圆偏振光束激发气态原子，打破原子在所研究的能级间玻尔兹曼热平衡分布，造成所需的布居数差，从而在低浓度的情况下提高了共振强度。在相应频率的射频场激励下，可观测到磁共振现象。在探测磁共振信号方面，不直接探测原子对射频量子的发射或吸收，而是采用光探测的方法，探测原子对光量子的发射和吸收。由于光量子的能量比射频量子高七八个数量级，所以探测信号的灵敏度得以大幅提高。Kastler 也由于在这方面的贡献而获得了 1966 年的诺贝尔物理学奖。

本实验利用光抽运效应来研究原子超精细结构塞曼子能级间的磁共振，研究的对象是碱金属原子铷（Rb）。天然铷中含量大的核素有两种：^{85}Rb 占 72.15%，^{87}Rb 占 27.85%。气体原子塞曼子能级间的磁共振信号非常弱，用磁共振的方法难以观察。本实验应用光抽运、光探测的方法，既保持了磁共振分辨率高的优点，同时将探测灵敏度提高了几个至十几个数量级。此方法一方面可用于基础物理研究，另一方面在量子频标、精确测定磁场等问题上都有很大的应用价值。

🗎 实验目的

（1）通过本实验深入了解原子结构，通过实验加深对原子超精细结构、光跃迁及磁共振的理解。

（2）在实验过程中塑造耐心、细致的品质，培养对科学结果精益求精的态度。

🌱 实验原理

1. 铷原子基态及最低激发态的能级

铷是一价碱金属原子，基态是 $5^2\mathrm{S}_{1/2}$，即电子的轨道角量子数 $L=0$，自旋量子数 $S=1/2$。轨道角动量与自旋角动量耦合成总的角动量 J。由于是 LS 耦合，则 $J=L+S$，…，$L-S$。铷的基态 $J=1/2$。

铷原子的最低光激发态是 $5^2\mathrm{P}_{1/2}$ 及 $5^2\mathrm{P}_{3/2}$ 双重态，是由 LS 耦合产生的双重结构，轨道角量子数 $L=1$，自旋量子数 $S=1/2$。$5^2\mathrm{P}_{1/2}$ 态 $J=1/2$，$5^2\mathrm{P}_{3/2}$ 态 $J=3/2$。在 5P 与 5S 能级之间产生的跃迁是铷原子主线系的第一条线，其为双线，在铷灯的光谱中强度特别大。$5^2\mathrm{P}_{1/2}$ 到 $5^2\mathrm{S}_{1/2}$ 的跃迁产生的谱线为 D_1 线，波长是 7948Å；$5^2\mathrm{P}_{3/2}$ 到 $5^2\mathrm{S}_{1/2}$ 的跃迁产生的谱线为 D_2 线，波长是 7800 Å。

原子物理中已给出核自旋 $I=0$ 的原子的价电子，LS 耦合后总角动量 P_J 与原子总磁矩

μ_J 的关系为

$$\mu_J = -g_J \frac{e}{2m} P_J$$

$$g_J = 1 + \frac{J(J+1) - L(L+1) + S(S+1)}{2J(J+1)}$$

现在讨论 $I \neq 0$ 的情况，^{87}Rb 的 $I = 2/3$，^{85}Rb 的 $I = 2/5$。设核自旋角动量为 $\mathbf{P}_I$，$\mathbf{P}_I$ 与 $\mathbf{P}_J$ 耦合成 $\mathbf{P}_F$，有 $\mathbf{P}_F = \mathbf{P}_I + \mathbf{P}_J$。耦合后的总量子数 $F = I + J, \cdots, |I - J|$。^{87}Rb 的基态 F 有两个值 $F = 2$ 及 $F = 1$；^{85}Rb 的基态有 $F = 3$ 及 $F = 2$。由 F 量子数表征的能级称为超精细结构能级。原子总角动量 P_F 与总磁矩 μ_F 之间的关系为

$$\mu_F = -g_F \frac{e}{2m} P_F$$

$$g_F = g_J + \frac{F(F+1) + J(J+1) - I(I+1)}{2F(F+1)} \tag{9-1}$$

在磁场中原子的超精细能级产生塞曼分裂（弱场时为反常塞曼效应），磁量子数 $m_F = F$，$F-1, \cdots, -F$，即分裂成（$2F+J$）个能量间距基本相等的塞曼子能级，如图 9-1 所示。

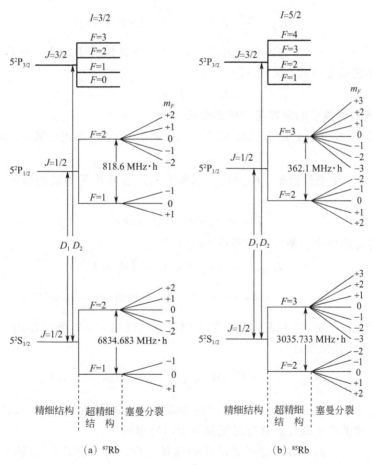

图 9-1 铷原子能级示意图

原子各能级的能量可由薛定谔方程确定的能量本征值给出。在弱场中铷原子的能量算符是

$$\hat{H} = \hat{H}_0 + \hat{H}' \tag{9-2}$$

式中，$\hat{H}_0$ 为考虑了 LS 耦合作用的哈密顿量；$\hat{H}'$ 为微扰项，它包括 I 与 J 耦合作用能及弱磁场 B_0 对总磁矩 μ_F 的作用能。当取 B_0 的方向为坐标轴的 Z 方向时，有

$$H' = ah\hat{I}\hat{J} - \mu_{FZ}B_0 = ah\hat{I}\hat{J} + g_F \frac{eh}{4\pi m} B_0 \hat{F}_Z \tag{9-3}$$

式中，$\hat{I} = 2\pi\hat{P}_I/h$；$\hat{J} = 2\pi\hat{P}_J/h$；$h$ 为普朗克常数；a 为磁偶极相互作用常数。^{87}Rb 的 $5^2S_{1/2}$ 态的 $a_{87} = 3417.342$ MHz；^{85}Rb 的 $5^2S_{1/2}$ 态的 $a_{85} = 1011.911$ MHz。$\hat{H}'$ 微扰项忽略了四极矩及更高极矩的作用能。由 $\hat{F} = \hat{I} + \hat{J}$ 可得：

$$\hat{I}\hat{J} = \frac{1}{2}(\hat{F}^2 - \hat{J}^2 - \hat{I}^2) \tag{9-4}$$

将上式代入式（9-2）可解出各能级的能量本征值为

$$E = E_0 + \frac{ah}{2}[F(F+1) - J(J+1) - I(I+1)] g_F m_F \mu_B B_0 \tag{9-5}$$

式中，$\mu_B = eh/4\pi m = 9.274 \times 10^{-24}$ J·T^{-1}，为玻尔磁子。由式（9-5）可以得到外场 $B_0 = 0$ 时基态 $5^2S_{1/2}$ 的两个超级能级之间的能量差为

$$\Delta E_F = \frac{ah}{2}[F'(F'+1) - F(F+1)] \tag{9-6}$$

^{87}Rb 的 $\Delta E_F = 2a_{87}h$，^{85}Rb 的 $\Delta E_F = 3a_{85}h$。外磁场为 B_0 时，相邻塞曼能级之间（$\Delta E_F = \pm 1$）的能量差由式（9-5）可得

$$\Delta E_{m_F} = g_F \mu_B B_0 \tag{9-7}$$

2. 圆偏振光对铷原子的激发与光抽运效应

一定频率的光可引起原子能级之间的跃迁。这里起作用的是光的电场部分，微扰哈密顿量为

$$\hat{H}'_{OP} = -\boldsymbol{D} \cdot \boldsymbol{E} \tag{9-8}$$

式中，$\boldsymbol{D} = e\boldsymbol{r}$，是电偶极矩；$\boldsymbol{E}$ 是电场强度。当入射光是圆偏振光即 δ^+ 时，其电场部分可表示为

$$\boldsymbol{E} = \boldsymbol{E}_0(\boldsymbol{i}\cos\omega t + \boldsymbol{j}\sin\omega t)$$

式中，ω 是光的频率。微扰哈密顿量 $\hat{H}'_{OP}$ 可写为

$$\hat{H}'_{OP} = -e\boldsymbol{r}\boldsymbol{E}_0(\boldsymbol{i}\cos\omega t + \boldsymbol{j}\sin\omega t)$$

$$= -\frac{e\boldsymbol{E}_0}{2}[(x - iy)e^{i\omega t} + (x + iy)e^{-i\omega t}] \tag{9-9}$$

原子吸收光时只有 $e^{-i\omega t}$ 项起作用；原子辐射光时则只有 $e^{i\omega t}$ 项起作用。不难得到原子由 L 态到 L' 态的跃迁概率是

$$W_{L'L} = \frac{\pi}{2h^2} e^2 E_0^2 |W_{L'F'm'_F, LFm_F}|^2 \delta(\omega_{L'L} - \omega) \tag{9-10}$$

式中，$|W_{L'F'm'_F, LFm_F}|$ 是由力学量 $x + iy$ 决定的跃迁矩阵元；$\omega_{L'L} = 2\pi(E_{L'} - E_L)/h$。只有 $\omega = \omega_{L'L}$ 时才能产生跃迁，这也是能量守恒所要求的。

由 $|W_{L'F'm'_F, LFm_F}|$ 的计算可得到光跃迁的选择定则，当入射光是左旋圆偏振的 D_1 光，即 $D_1\delta^+$ 时，有

$$\Delta L = \pm 1, \quad \Delta F = \pm 1, 0, \quad \Delta m_F = \pm 1$$

^{87}Rb 的 $5^2S_{1/2}$ 态及 $5^2P_{1/2}$ 态的磁量子数 m_F 最大值都是 $+2$，当入射光是 $D_1\delta^+$ 时（δ^+ 的

角动量是$+h$），由于只能产生 $\Delta m_F = +1$ 的跃迁，基态 $m_F = +2$ 子能级的粒子不能跃迁，即其跃迁概率是零。由于 $D_1\delta^+$ 的激发而跃迁到激发态 $5^2P_{1/2}$ 的粒子可以通过自发辐射退激回到基态，见图 9-2。

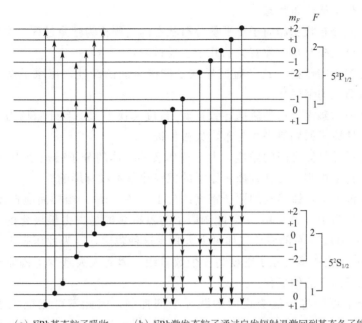

（a）^{87}Rb基态粒子吸收　　（b）^{87}Rb激发态粒子通过自发辐射退激回到基态各子能级

图 9-2　^{87}Rb 原子的激发与退激发过程

当原子经历从 $5^2P_{1/2}$ 回到 $5^2S_{1/2}$ 无辐射跃迁过程时，则粒子返回基态各子能级的概率相等，这样经过若干循环之后，基态 $m_F = +2$ 子能级上的粒子数就会大大增加，即大量粒子被"抽运"到基态的 $m_F = +2$ 的子能级上，这就是光抽运效应。

各子能级上粒子数的这种不均匀分布叫作"偏极化"，光抽运的目的就是要造成偏极化，有了偏极化就可以在子能级之间得到较强的磁共振信号。

$D_1\delta^+$ 的受激跃迁使 $m_F = +2$ 的粒子跃迁概率为零；δ^- 光有同样的作用，它将大量的粒子抽运到 $m_F = -2$ 的子能级上。

用不同偏振性质的 D_1 光照射，^{87}Rb 及 ^{85}Rb 基态各塞曼子能级的跃迁概率（相对值）由表 9-1 给出。由表 9-1 可知，δ^+ 与 δ^- 对光抽运有相反的作用。因此，当入射光为线偏振光（等量 δ^+ 与 δ^- 的混合）时，铷原子对光有强烈的吸收，但无光抽运效应；当入射光为椭圆偏振光（不等量的 δ^+ 与 δ^- 的混合）时，光抽运效应较圆偏振光小；当入射光为 π 光（π 光的电场强度方向与总磁场的方向平行）时，铷原子对光有强的吸收，但无光抽运效应。

表 9-1　^{87}Rb 及 ^{85}Rb 基态各塞曼子能级的跃迁相对概率

项目	^{87}Rb								^{85}Rb											
F	2					1			3							2				
m_F	2	1	0	−1	−2	1	0	−1	3	2	1	0	−1	−2	−3	2	1	0	−1	−2
σ^+	0	1	2	3	4	3	2	1	0	1	2	3	4	5	6	5	4	3	2	1
π	2	2	2	2	2	2	2	2	3	3	3	3	3	3	3	3	3	3	3	3
σ^-	4	3	2	1	0	1	2	3	6	5	4	3	2	1	0	1	2	3	4	5

3. 弛豫过程

在热平衡状态下，基态各子能级上的粒子数遵从玻耳兹曼分布（$N = N_0 e^{-E/KT}$）。由于各子能级的能量差极小，近似地认为各个能级上粒子数是相等的。光抽运造成大的粒子差数，使系统处于非热平衡分布状态。

系统由非热平衡分布状态趋向于热平衡分布状态的过程称为弛豫过程。本实验弛豫的微观过程很复杂，这里只提及与弛豫有关的几个主要过程：

（1）铷原子与容器的碰撞　这种碰撞导致子能级之间的跃迁，使原子恢复到热平衡分布，失去光抽运所造成的偏极化。

（2）铷原子之间的碰撞　这种碰撞导致自旋-自旋交换弛豫。当外磁场为零时塞曼子能级简并，这种弛豫使原子回到热平衡分布，失去偏极化。

（3）铷原子与缓冲气体之间的碰撞　由于选作缓冲气体的分子磁矩很小（如氮气），碰撞对铷原子磁能态扰动极小，这种碰撞对原子的偏极化基本没有影响。

在光抽运最佳温度下，铷蒸气的原子密度约为 10^{11} 个/cm^2，当样品泡直径为 5 cm 时容器壁的原子面密度约为 10^{15} 个/cm^2，因此铷原子与器壁碰撞是失去偏极化的主要原因。在样品泡中充进 10 mmHg 左右的缓冲气体可大大减少这种碰撞，因为此压强下缓冲气体的密度约为 10^{17} 个/cm^2，比铷蒸气原子密度高 6 个数量级，因而大大减少了铷原子与器壁碰撞的机会，保持了原子高度的偏极化。

缓冲气体分子不可能将子能级之间的跃迁全部抑制，因此不可能把粒子全部抽运到 $m_F = +2$ 的子能级上。处于 $5^2 P_{1/2}$ 态的原子需与缓冲气体分子碰撞多次才有可能发生能量转移，由于所发生的过程主要是无辐射跃迁，所以返回到基态八个塞曼子能级的概率均等，因此缓冲气体分子还有将粒子更快地抽运到 $m_F = +2$ 子能级的作用。

一般情况下，光抽运造成塞曼子能级之间的粒子差数比玻耳兹曼分布造成的粒子差数要大几个数量级，对 ^{85}Rb 也有类似的结论；不同之处是 $D_1 \delta^+$ 光将 ^{85}Rb 原子抽运到基态 $m_F = +3$ 的子能级上。

4. 塞曼子能级之间的磁共振

在弱磁场 B_0 中，相邻塞曼子能级的能量差已由式（9-7）给出。在垂直于恒定磁场 B_0 的方向加一圆频率为 ω_1 的射频场 B_1，此射频场可分解为一左旋圆偏振磁场与一右旋圆偏振磁场。当 $g_F > 0$ 时，μ_F 右旋进动，起作用的是右旋圆偏振磁场（图 9-3）。此偏振磁场可写为

$$\boldsymbol{B}_1 = \boldsymbol{B}_0 (\boldsymbol{i} \cos \omega_t + \boldsymbol{j} \sin \omega_1 t)$$

当 ω_1 满足共振条件

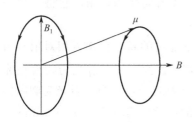

图 9-3　射频场 B_1 分为两个圆偏振场

$$\frac{h}{2\pi} \omega_1 = \Delta E_{m_F} = g_F \mu_B B_0 \qquad (9\text{-}11)$$

塞曼子能级之间将产生磁共振。本实验中的一个主要过程是被抽运到基态 $m_F = +2$ 子能级上的大量粒子，由于射频场 B_1 的作用产生感应跃迁，即由 $m_F = +2$ 跃迁到 $m_F = +1$（当然也有 $m_F = +1$ 跃迁到 $m_F = 0$，…）。同时由于光抽运效应的存在，处于基态 $m_F = +2$ 子能级上的粒子又将被抽运到 $m_F = +2$ 子能级上，感应跃迁与光抽运将达到一个新的动态平衡。在产生磁共振时，$m_F \neq +2$ 各子能级上的粒子数大于不共振时，因此对 $D_1 \delta^+$ 光的吸收增大，见图 9-4。图 9-4（a）表示未发生磁共振时，$m_F = +2$ 能级粒子数多；图 9-4（b）

表示发生磁共振时，$m_F = +2$ 能级粒子数减少，对 $D_1\delta^+$ 光的吸收增加。

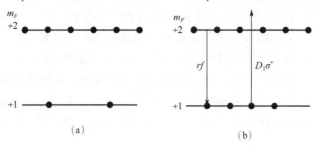

图 9-4　磁共振过程塞曼子能级粒子数的变化

射频场 B_1 与原子总磁矩 μ_F 相互作用的哈密顿量为

$$\hat{H}'_M = -\hat{\boldsymbol{\mu}}_F \cdot \boldsymbol{B}_1 = -g_F\mu_B\hat{\boldsymbol{F}} \cdot \boldsymbol{B}_1 \tag{9-12}$$

感应跃迁矩阵元为 $[F', m'_F | \hat{F}_x \pm i\hat{F}_y | F, m_F]$，由此可得感应磁跃迁的选择定则是 $\Delta m_F = \pm 1$。本实验条件下磁跃迁概率比光跃迁概率小几个数量级。

5. 光探测

射到样品上的 $D_1\delta^+$ 光一方面起光抽运的作用，另一方面透过样品的光兼作探测光，使一束光起了抽运与探测两个作用。

前面已提到与磁共振相伴随有对 $D_1\delta^+$ 光吸收的变化，因此测 $D_1\delta^+$ 光发光强度的变化即可得到磁共振的信号，这就实现了磁共振的光探测。由于巧妙地将一个低频射频光子（1～10 MHz）转换成了一个高频射频光子（10^8 MHz），这就使信号功率提高了7～8个数量级。

🐾 实验仪器

实验装置如图 9-5 所示。光源用高频无极放电铷灯，其优点是稳定性好、噪声小、发光强度大。滤波片用干涉滤光片，透过率大于 50%，带宽小于 150 Å，能很好地滤去 D_2 光（D_2 光不利于 $D_1\delta^+$ 光的抽运），偏振片可用高碘硫酸奎宁偏振片。1/4 波片可用厚度 40 μm

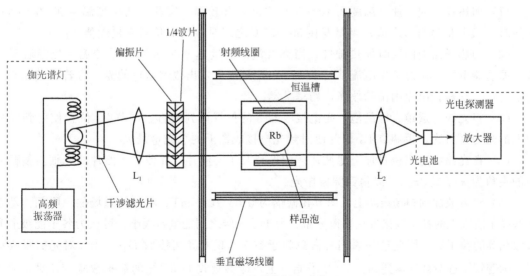

图 9-5　光泵磁共振实验装置

左右的云母片。透镜 L_1 将光源发出的光变为平行光，其焦距较小为宜，可用 $f=5\sim8\ cm$ 的凸透镜。透镜 L_2 将透过样品泡的平行光会聚到光电接收器上。

产生水平方向磁场的亥姆霍兹线圈的轴线应与地磁场水平分量方向一致，产生垂直方向磁场的亥姆霍兹线圈用以抵消地磁场的垂直分量。水平磁场 B_0 由 $0\sim0.2\ mT$ 连续可调，水平方向扫场需 $1\ \mu T\sim0.1\ mT$ 左右。扫场信号最好有锯齿波、方波及三角波，并要与示波器的扫描同步。频率以几赫兹至十几赫兹为宜。射频线圈安放在样品泡两侧，使 B_1 方向垂直于 B_0 方向。射频信号源可用信号发生器，其频率由几百千赫到几兆赫，功率由几毫瓦到 1 瓦或更大。

样品泡是一个充有适量天然铷、直径约 5 cm 的玻璃泡，泡内充有约 10 mmHg 的缓冲气体（氮、氩等），样品泡放在恒温室中，室内温度在 30～70℃ 范围内可调，恒温时温度波动应小于 $\pm1℃$。

光检测器由光电接收元件及放大电路组成，光电接收元件可根据不同需要选择光电管或光电池。光电管响应速度快，约为 $10^{-9}\ s$；光电池较慢，约为 $10^{-4}\ s$，但光电池受光面积大、内阻低。本实验选用光电池作光电接收元件。放大电路最好用直流耦合电路，波形畸变小，但当不测光抽运时间及弛豫时间时，用交流耦合电路也可以。所用示波器的灵敏度高于 $500\ \mu V/cm$ 时，可不加放大器直接观察光电池输出的信号。

实验内容

（1）利用调节仪器光路及光学元件，获得圆偏振光；通过方波扫场，观测光抽运现象并记录。

（2）利用三角波扫场，观测磁共振现象并记录。

（3）改变外加磁感应强度，调节扫场频率，获得明显的磁共振信号并记录。

（4）计算朗德因子。

实验步骤

（1）加热样品泡，使其温度在 40～60℃ 之间，并控温。实验表明，当温度在 40～45℃ 之间时，^{85}Rb 信号有最大值；当温度在 50～55℃ 之间时，^{87}Rb 信号有最大值。

（2）加热样品泡的同时加热铷灯，当铷灯泡的温度达 90℃ 左右开始控温。控温后开启铷灯振荡器电源，调好工作电流（约230 mA），灯泡应发出玫瑰紫色的光。灯若不发光或发光不稳定，则需找出原因排除故障，切忌乱动。

（3）将光源、透镜、样品泡、光电接收器等的位置调到准直。调节 L_1 位置使射到样品泡上的光为平行光，再调节 L_2 位置使射到光电接收器上的总光量最大。

（4）在光路的适当位置加上滤波片、偏振片及 1/4 波片，并使 1/4 波片的光轴与偏振方向的夹角为 $\pi/4$ 或 $3\pi/4$，以得到圆偏振光。

（5）将方波加到扫场线圈上，调节其振幅为 0.05～0.1 mT。刚加上磁场的一瞬间，基态各塞曼子能级上的粒子数接近热平衡分布。由于子能级之间能量差很小，可认为各子能级上有大致相等的粒子数，因此这一瞬间有占总粒子数 7/8 的粒子可吸收 $D_1\delta^+$ 光，对光的吸收最强。随着粒子逐渐被抽运到 $m_F=+2$ 子能级上，能够吸收 $D_1\delta^+$ 光的粒子数减少，对光的吸收随之减小，透过样品的发光强度逐渐增加。当抽运到 $m_F=+2$ 子能级上粒子数达到饱和，透过样品发光强度达最大值而且不再变化；当扫场过零并反向时，塞曼子能级跟随着发生简并及再分裂。由于能级简并时，铷原子受碰撞，导致自旋方向混杂失去偏极化。当能级重新分裂后，各塞曼子能级上的粒子数又近似相等，对 D_1 光的吸收又达最大值，这时观察到的是光抽运信号。地磁场对光抽运信号有很大影响，特别是地磁场的垂直分量。为抵消地磁场的垂直分量，可安装一对垂直方向的亥姆霍兹线圈。当垂直方向磁场为零时（地磁场的垂直分量被抵消），光抽运的信号有最大值；当垂直方向磁场不为零，扫场方波上反向磁场 $B_{//}$ 幅度不同时，将出现图 9-6 所示的光吸收信号。

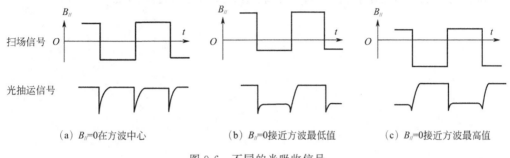

（a）$B_{//}=0$在方波中心   （b）$B_{//}=0$接近方波最低值   （c）$B_{//}=0$接近方波最高值

图 9-6   不同的光吸收信号

（6）加射频场 B_1，用锯齿波扫场，测量 ^{87}Rb 及 ^{85}Rb 在不同频率（几百千赫到几兆赫）下共振磁场的大小（参考数据：^{87}Rb 为 $f_1/B_0=7.0$ GHz/T；^{85}Rb 为 $f_1/B_0=4.7$ GHz/T），调节信号发生器，获得磁共振信号。

（7）由试验结果计算 ^{87}Rb 及 ^{85}Rb 的 g_F 值，并与理论值进行比较。注意：要用实验的方法观察地磁场水平分量及扫场直流分量的影响。

（8）在步骤（5）、（6）条件下改变示波器的扫描速度，试分析观察到的现象并设法估计光抽运时间常数。

💡 实验注意事项

（1）本实验是在弱磁场中进行的，为保证测量的准确性，主体单元一定要远离其他带有电磁性物体、强电磁场及大功率电源线。磁场方向判断好后，务必取出指南针。

（2）为避免外界杂散光进入探测器，主体单元应罩上黑布。

（3）在精测量时，为避免吸收池加热丝所产生的剩余磁场影响，可短时间关掉吸收池加温电流。

（4）亥姆霍兹线圈轴中心处磁场的运算公式为

$$B=\frac{16\pi}{5^{3/2}}\times\frac{NU}{rR}\times10^{-7}\,(\mathrm{T})$$

式中，N 为线圈每边匝数；R 为线圈线绕电阻，Ω；r 为线圈有效半径，m；U 为场直流电压，V。

✍ 思考题

（1）什么是光抽运？产生光抽运的信号的实验条件是什么？

（2）怎样用光抽运现象检验磁共振现象？

（3）如何区分 ^{85}Rb 和 ^{87}Rb 的共振谱线？

（4）为什么要用垂直线圈抵消地球垂直磁场分量？不抵消会如何？

（5）光抽运为什么不用自然光或者线偏振光？

（6）方波扫场在光抽运现象中起什么作用？对其方向和幅度有什么要求？

（7）观察磁共振信号时，为什么射频场必须与恒定磁场方向垂直？

参考文献

[1] 王书运. 光泵磁共振实验评述 [J]. 实验技术与管理，2007，24（11）：35-38.

第二篇
综合性实验

实验十　双光栅振动实验

✿ 背景介绍

精密测量在自动控制领域里一直扮演着重要的角色，其中光电测量因为有较好的精密性与准确性，加上轻巧、无噪声等优点，在测量的应用上常被采用。作为一种把机械位移信号转化为光电信号的手段，光栅式位移测量技术在长度与角度的数字化测量、运动比较测量、数控机床、应力分析等领域得到了广泛的应用。

📖 实验目的

（1）了解利用光的多普勒频移形成光拍的原理，并用于测量光拍拍频。
（2）学会使用精确测量微弱振动位移的方法。
（3）应用双光栅微弱振动实验仪测量音叉振动的微振幅。

🐾 实验仪器

主要实验仪器为双光栅微弱振动实验仪（包括激光源、信号发生器、频率计等）、音叉。双光栅微弱振动实验仪在实验中用作音叉振动分析、微振幅（位移）、测量和光拍研究等。图 10-1 为双光栅微弱振动实验仪面板结构。

🌱 实验原理

1. 静态光栅
（1）光垂直入射满足光栅方程：
$$d\sin\theta = k\lambda \tag{10-1}$$
式中，d 为光栅常数；θ 为衍射角；λ 为光波波长；k 为衍射级数，$k = 0, 1, \cdots$
（2）若平面波入射平面光栅时，如图 10-2 所示，则光栅方程为：
$$d(\sin\theta + \sin i) = k\lambda \tag{10-2}$$

2. 光的多普勒频移
当光栅以速度 v 沿光的传播方向运动时，出射波阵面也以速度 v 沿同一方向移动，因

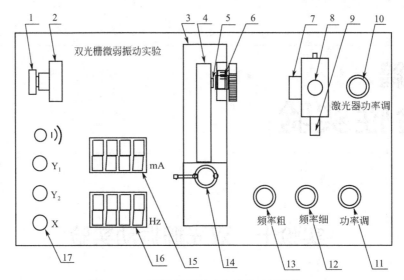

图 10-1　双光栅微弱振动实验仪面板结构

1—光电池升降手轮；2—光电池座（在顶部有光电池盒，盒前有一小孔光阑）；3—音叉座；4—音叉；
5—粘于音叉上的光栅；6—静光栅架；7—半导体激光器；8—上下调节器；9—左右调节器；10—激光器输出功率调节器；
11—信号发生器输出功率调节旋钮；12—信号发生器频率细调旋钮；13—信号发生器频率粗调旋钮；14—驱动音叉换能器；
15—功率显示窗口；16—频率显示窗口；17—三个输出信号插口
（Y_1 为拍频信号，Y_2 为音叉驱动信号，X 为示波器提供"外触发"）

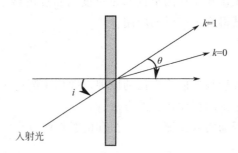

图 10-2　平面波入射平面光栅光路图

而在不同时刻 Δt，它的位移量记作 $v\Delta t$。相应地，光波位相发生变化$\Delta\varphi(t)$，为

$$\Delta\varphi(t) = \frac{2\pi}{\lambda}v\Delta t \tag{10-3}$$

3. 光拍的获得与检测

双光栅弱振动仪的光路简图如图 10-3 所示。

本实验采用两片完全相同的光栅平行紧贴。B 片静止只起衍射作用，A 片不但起衍射作用，另外因其以速度 v 做相对运动还起到频移作用。

由于 A 光栅的运动方向与其 1 级衍射光方向呈 θ 角，则造成衍射后的位相变化为

$$\Delta\varphi(t) = \frac{2\pi}{\lambda}v\sin\theta\Delta t \tag{10-4}$$

将式（10-1）代入，且 k 取 1 得

$$\Delta\varphi = 2\pi\frac{v}{d}\Delta t \tag{10-5}$$

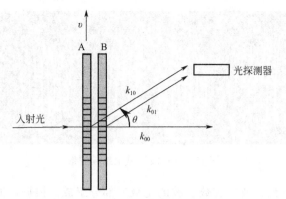

图 10-3　双光栅弱振动仪光路简图

即

$$\varphi(t) - \varphi(t_0) = \frac{2\pi}{d}[s(t) - s(t_0)] \tag{10-6}$$

此路光经 B 光栅衍射后，取其零级记作

$$E_1 = E_{10}\cos[\omega_0 t + \varphi(t) + \varphi_1] \tag{10-7}$$

A 光栅的零级光因与振动方向垂直，不存在相位变化。经 B 光栅衍射后取其 1 级，此路光记作

$$E_2 = E_{01}\cos(\omega_0 t + \varphi_2) \tag{10-8}$$

由图 10-3 可看到，E_1、E_2 的衍射角均为 θ 角，沿同一方向传播，则在传播方向上放置光探测器。探测器接收到的两束光总发光强度为

$$\begin{aligned}
I = \rho(E_1 + E_2)^2 = \rho\{&E_{10}^2\cos^2[\omega_0 t + \varphi(t) + \varphi_1] + \\
&E_{01}^2\cos^2(\omega_0 t + \varphi_2) + \\
&E_{10}E_{01}\cos[\varphi(t) + (\varphi_2 - \varphi_1)] + \\
&E_{10}E_{01}\cos[2\omega_0 t + \varphi(t) + (\varphi_2 + \varphi_1)]\}
\end{aligned} \tag{10-9}$$

由于光波的频率很高，探测器无法识别。最后探测器实际上只识别式（10-9）中第三项

$$\rho E_{10}E_{01}\cos[\varphi(t) + (\varphi_2 - \varphi_1)] \tag{10-10}$$

光探测器能测得的"光拍"信号的频率为拍频：

$$F_{拍} = \frac{\omega_d}{2\pi} = \frac{v_A}{d} = v_A n_\theta \tag{10-11}$$

式中，$n_\theta = \frac{1}{d}$，为光栅常数。

4. 微弱振动位移量的检测

从式（10-11）可知，$F_{拍}$ 与光频 ω_0 无关，且正比于光栅移动速度 v_A。如果将 A 光栅粘在音叉上，则 v_A 周期性变化，即光拍信号频率 $F_{拍}$ 也随时间变化。音叉振动时其振幅为

$$A = \frac{1}{2}\int_0^{T/2} v_A \mathrm{d}t = \frac{1}{2n_\theta}\int_0^{T/2} F_{拍}(t)\mathrm{d}t \tag{10-12}$$

式中，T 为音叉振动周期。$\int_0^{T/2} F_{拍}(t)\mathrm{d}t$ 可直接在示波器的荧光屏上读出波形数而计算得到，如图 10-4 所示。因此只要测得拍频波的波数，就可得到较弱振动的位移振幅。

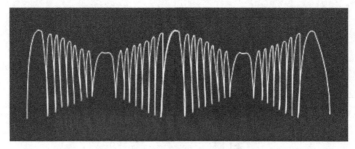

图 10-4　示波器显示拍频波形

波形数由完整波形数、波的首数、波的尾数三部分组成。根据示波器上显示计算，波形的分数部分是一个不完整波形的首数及尾数，需在波群的两端，可按反正弦函数折算为波形的分数部分，即：

$$波形数 = 整数波形数 + 波形分数 + \frac{\arcsin a}{360} + \frac{\arcsin b}{360} \qquad (10\text{-}13)$$

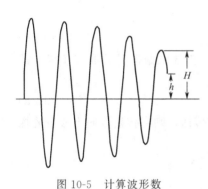

图 10-5　计算波形数

式中，a、b 分别为波群的首、尾幅度与该处完整波形的振幅之比。波群指 $T/2$ 内的波形，分数波形数若满 $1/2$ 个波形为 0.5，满 $1/4$ 个波形为 0.25，满 $3/4$ 个波形为 0.75。

如图 10-5 所示，在 $T/2$ 内，整数波形数为 4，波形分数部分已满 $1/4$ 波形，$a = 0$，$b = h/H = 0.6/1 = 0.6$。所以

$$
\begin{aligned}
波形数 &= 4 + 0.25 + \frac{\arcsin 0.6}{360^\circ} \\
&= 4.25 + \frac{36.9^\circ}{360^\circ} = 4.25 + 0.10 = 4.35
\end{aligned}
$$

实验内容

（1）调整几何光路及双光栅，调节音叉振动，配合示波器，调出光拍频波。

（2）测量外力驱动音叉时的谐振曲线。

（3）改变音叉的有效质量，研究谐振曲线的变化趋势。

实验步骤

1. 连接

将双踪示波器的 Y_1、Y_2、X 外触发输入端接至双光栅微弱振动测量仪的 Y_1、Y_2（音叉激振信号，使用单踪示波器时此信号空置）、X（音叉激振驱动信号整形成方波，作示波器"外触发"信号）的输出插座上，示波器的触发方式置于"外触发"；Y_1 置于 $0.1 \sim 0.5$ V/格；"时基"置于 0.2 ms/格；开启各自的电源。

2. 操作

（1）几何光路调整。小心取下"静光栅架"（不可擦伤光栅），微调半导体激光器的左右调节手轮，让光束从安装静止光栅架的孔中心通过。调节光电池架手轮，让某一级衍射光正

好落入光电池前的小孔内，锁紧激光器。

（2）双光栅调整。小心地装上"静光栅架"，静光栅尽可能与动光栅接近（不可相碰），用一屏放于光电池架处，慢慢转动光栅架，务必仔细观察调节，使得两个光束尽可能重合。去掉观察屏，轻轻敲击音叉，在示波器上应看到拍频波。注意：如看不到拍频波，可将激光器的功率减小一些。在半导体激光器的电源进线处有一只电位器，转动电位器即可调节激光器的功率。过大的激光器功率照射在光电池上将使光电池"饱和"而无信号输出。

（3）音叉谐振调节。先将"功率"旋钮置于 6 至 7 点钟方向附近，调节"频率"旋钮（500 Hz 附近），使音叉谐振。调节时用手轻轻地按音叉顶部，找出调节方向。如音叉谐振太强烈，将"功率"旋钮向小钟点方向转动，使在示波器上看到的 $T/2$ 内光拍的波数为 10～20 个左右为宜。

（4）波形调节。光路粗调完成后，就可以看到一些拍频波，但欲获得光滑细腻的波形，还须作些仔细地反复调节。稍稍松开固定静光栅架的手轮，试着微微转动光栅架，改善动光栅衍射光斑与静光栅衍射光斑的重合度，看看波形是否改善；在两光栅产生的衍射光斑重合区域中，不是每一点都能产生拍频波，所以光斑正中心对准光电池上的小孔时，并不一定都能产生好的波形，有时光斑的边缘即能产生好的波形，可以微调光电池架或激光器的 X-Y 微调手轮，改变一下光斑在光电池上的位置，看看波形是否改善。

（5）测出外力驱动音叉时的谐振曲线。固定"功率"旋钮位置，小心调节"频率"旋钮，作出音叉的频率-振幅曲线。

（6）改变音叉的有效质量，研究谐振曲线的变化趋势，并说明原因（改变质量可用橡皮泥或在音叉上吸一小块磁铁。注意，此时信号输出功率不能改变）。

实验数据处理

（1）填写表 10-1，求出音叉谐振时光拍信号的平均频率。

表 10-1 不同频率下的拍频周期

T/ms							
F/Hz							

（2）求出音叉在谐振点时做微弱振动的位移振幅。

（3）填写表 10-2，在坐标纸上画出音叉的频率-振幅曲线，定性讨论其变化趋势。

表 10-2 不同频率的波数

f/Hz	波数测量			波数（$T/2$）	波数
	完整波数	a	b		

（4）做出不同有效质量音叉的谐波。

📝 思考题

（1）如何判断动光栅与静光栅的刻痕已平行？

（2）作谐振曲线时，为什么要固定信号功率？

（3）试分析"光拍"曲线不稳定的原因。

实验十一　组合式多功能光栅光谱仪的原理与使用

❀ 背景介绍

　　光谱仪器是以获取按波长排列的原子或者分子光谱的仪器的通称。光谱学因为研究的范围涉及原子和分子结构而在光学中发展形成了一个独特的分支,光谱仪器也因此与一般以成像为目的的光学仪器相区别。光学和光学仪器已有悠久的历史,但是光谱学和光谱仪器的历史却不长,只能追溯到 1666 年牛顿在可见光区域的分光实验。英国天文学家赫胥尔和理特分别在 1800 年和 1801 年将可见光谱扩展到红外和紫外。起初牛顿是用小孔获得光谱的。1802 年,渥拉斯改用狭缝获得光谱,发现太阳光谱中有许多的暗线。1814 年夫琅和费认识到这些暗线有固定的位置,并用字母进行了标注,并用光栅测出了这些暗线的波长,称为夫琅和费谱线。1859 年,基尔霍夫阐述了表明物质特征的光谱定律,解释了夫琅和费谱线是太阳大气中物质呈现的谱线自蚀现象,进一步指出要对太阳大气进行分析,只需要找到能在火焰中发射出和暗线波长一样的明线的某些物质就可以了。他和本生考察了大量的夫琅和费谱线,认识到太阳大气中很多元素与地球相同,这就破除了对天体成分的神秘感。

　　光谱仪器以其精度、敏捷、样品需要量少等特点而得到迅速发展,并广泛应用于基础理论、工农业、医药等众多领域,是许多实验室必备的仪器。光谱仪器有多种分类方法,较常见的有:按照辐射的波段分为可见、紫外、红外等光谱仪器;按照所用色散部件则分为棱镜、光栅和干涉光栅光谱仪器;着眼于观测方法,则有分光镜、分光计和摄谱仪。分光镜原指用眼睛观察,而分光计则要进行测量。在现在光谱仪器中,探测器采用光电或者热电效应的器件,人眼已经处于辅助地位。

▣ 实验目的

　　(1) 了解光栅光谱仪的组成与原理。
　　(2) 掌握光栅光谱仪的简单使用。
　　(3) 测定未知光源的光谱分布曲线。

☘ 实验原理

　　本实验使用的 WGD-8A 型组合式多功能光栅光谱仪是一种典型的光谱仪器,它可以确定未知光源的光谱特性、测量物质的吸收光谱和荧光光谱。基本的仪器参数如下:

　　焦距为 500 mm;波长区间为 200~660 nm;光栅为 2400 mm^{-1},$\lambda_{闪}$ 为 250 nm;波长范围为 200~600 nm;杂散光≤10^{-3};分辨率小于 0.06 nm。

　　WGD-8A 型组合式多功能光栅光谱仪,由光栅光谱仪、接收单元、扫描系统、电子放大器、A/D 采集单元、计算机等组成。该设备将光学、精密机械、电子学、计算机技术集于一体。光学系统采用 C-T 型,光学原理如图 11-1 所示。入射狭缝、出射狭缝均为直狭缝,宽度调节范围 0~2 mm,光源发出的光束进入入射狭缝 S_1,S_1 位于反射式准光镜 M_2 的焦面上，通过 S_1 射入的光束经过 M_2 反射成为平行光束投射到平面光栅 G 上，衍射后的平行光束经过物镜 M_3 成像在 S_2 或者 S_3 上。

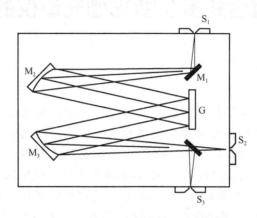

图 11-1　组合式多功能光栅光谱仪光路图

本设备可用两种模式来接收光谱：CCD 模式和光电倍增管模式。其中光电倍增管模式是一个重要的光信号探测分析方法，需要对光电倍增管的基本原理和使用方法以及注意的问题有全面的了解。

光电倍增管是一种常用的灵敏度很高的光探测器，它是把微弱光信号转变成电信号且进行放大的器件。它的基本原理是将光信号转变成光电子，且使光电子数目得到成倍放大，放大倍数可达 $10^5 \sim 10^6$。所以，它是目前在红外、可见和紫外波段检测微弱光信号最灵敏的器件之一，被广泛应用于微弱光信号的测量、核物理领域及频谱分析等方面。

1. 光电倍增管的结构和工作原理

光电倍增管的实际结构和工作原理如图 11-2 所示。光电倍增管主要由光阴极 K、倍增极 D 和阳极 A 组成，并根据要求采用不同性能的玻璃壳进行真空封装。依据分装方法，它可分成端窗式和侧窗式两大类。端窗式光电倍增管的阴极通常为透射式阴极，通过管壳的端面接收入射光。侧窗式阴极则是通过管壳的侧面接收入射光，它的阴极通常为反射式阴极。

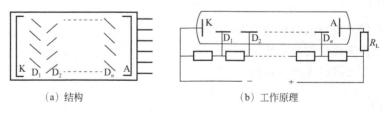

（a）结构　　　　　　　　　　　（b）工作原理

图 11-2　光电倍增管的实际结构和工作原理

光阴极的量子效率是一个重要的参数。波长为 λ 的光辐射入射到光阴极时，一个入射光子产生的光电子数，定义为光阴极的量子效率。光阴极有很多种，常用的有 S_{11} 及 S_{20}。光阴极通常由脱出功较小的锑铯或钠钾锑铯的薄膜组成，光阴极接负高压，各倍增极的加速电压由直流高压电源经分压电阻分压供给，灵敏检流计或负载电阻接在阳极 A 处。当有光子入射到光阴极 K 上，只要光子的能量大于光阴极材料的脱出功，就会有电子从阴极的表面逸出而成为光电子。在 K 和 D_1 之间的电场作用下，光电子被加速后轰击第一倍增极 D_1，从而使 D_1 产生二次电子发射。每一个电子的轰击可产生 $3 \sim 5$ 个二次电子，这样就实现了电子数目的放大。D_1 产生的二次电子被 D_2 和 D_1 之间的电场加速后轰击 D_2，……这样的过程一直持续到最后一级倍增极 D_n，每经过一级倍增极，电子数目便被放大一次，倍增极的数目有 8～13 个，最后一级倍增极 D_n 发射的二次电子被阳极 A 收集，一般经过十次以上倍增，放大倍数可达到 $10^8 \sim 10^{10}$。若将灵敏检流计串联在阳极回路中，则可直接测量阳极输出电流。若在阳极串联电阻 R_L 作为负载，则可测量 R_L 两端的电压，此电压正比于阳极电流。

2. 与测量有关的两个参数

（1）暗电流 光电倍增管接上工作电压后，在没有光照的情况下阳极仍会有一个很小的电流输出，此电流即称为暗电流。光电倍增管在工作时，其阳极输出电流由暗电流和信号电流两部分组成。当信号电流比较大时，暗电流的影响可以忽略，但是当光信号非常弱，以至于阳极信号电流很小甚至和暗电流在同一数量级时，暗电流将严重影响对光信号测量的准确性。所以暗电流的存在决定了光电倍增管可测量光信号的最小值。一只好的光电倍增管，要求其暗电流小并且稳定。

（2）光谱响应特征 光电倍增管对不同波长的光入射的响应能力是不相同的，这一特性可用光谱响应率表示。在给定波长的单位辐射功率照射下，所产生的阳极电流大小称为光电倍增管的绝对光谱响应率，表示为

$$S(\lambda) = \frac{I(\lambda)}{P(\lambda)} \tag{11-1}$$

式中，$P(\lambda)$ 为入射到光阴极上的单色辐射功率；$I(\lambda)$ 为在该辐射功率照射下所产生的阳极电流；$S(\lambda)$ 为波长的函数，它与波长的关系曲线称为光电倍增管的绝对光谱响应曲线。

测量 $S(\lambda)$ 十分复杂，因此在一般测量中都是测量它的相对值。为此，可以把 $S(\lambda)$ 中的最大值当作一个单位对所有 $S(\lambda)$ 值进行归一化，这时就得到

$$s(\lambda) = \frac{S(\lambda)}{S_{max}(\lambda)} \tag{11-2}$$

式中，$s(\lambda)$ 为光电倍增管的相对光谱响应率，它与波长的关系曲线称为光电倍增管的相对光谱响应曲线。由上式可知，$s(\lambda) \leqslant 1$，是一个无量纲的量，只表示光电倍增管的光谱响应特征。相对光谱响应曲线与绝对光谱响应曲线仅差一倍率 $S_{max}(\lambda)$。

3. 测量原理

测量 $S(\lambda)$ 时，必须有一个光谱功率分布已知的辐射光源。最理想的光源是绝对黑体，但它的制造和使用都是比较困难的。因此，在一般测量中就选用钨丝灯（或钨带灯）作为二级标准光源。在确定了灯丝温度 T_c 之后，它的光谱功率分布是

$$r_\omega(\lambda) = ar(\lambda, T_c) \tag{11-3}$$

式中，$r(\lambda, T_c)$ 是绝对黑体在温度 T_c 时的光谱功率分布，可由普朗克公式得出。在同一温度下，a 为一常数，作相对测量时不必确定其大小。图 11-3 为测量原理示意图。标准光源发出的光经过聚光系统被聚焦在单色仪的入射狭缝 S_1 上，通过单色仪的色散作用，在其出射狭缝处可以获得单色光。此单色光功率被光电倍增管所接收放大后，在阳极 A 上产生相应的电信号，可以由数字电压表直接读出。调整单色仪的色散系统（鼓轮），可以改变单色仪输出光的波长，就可以得到光电倍增管在不同波长的光照射下产生的阳极电信号。

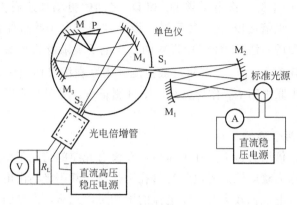

图 11-3　测量原理示意图

光源辐射的光经过聚光系统和单色仪后，到达光电倍增管上的辐射功率为

$$P(\lambda) = K_1 r_\omega(\lambda) T(\lambda) \Delta\lambda \tag{11-4}$$

式中，K_1 是与光源功率、单色仪的狭缝宽度等因素有关的未知常数；$T(\lambda)$ 是光源和光电倍增管之间的整个光学系统的透过率，它与波长有关，在作相对测量时可以利用其相对值；$\Delta\lambda$ 是单色仪输出光的波长区间，它由单色仪的入射和出射狭缝宽度以及单色仪的线色散 $\mathrm{d}l/\mathrm{d}\lambda$ 决定，在两个狭缝宽度固定时有

$$\Delta\lambda = K_2 \frac{\mathrm{d}\lambda}{\mathrm{d}l} \tag{11-5}$$

式中，K_2 是与两狭缝宽度有关的常数；$\mathrm{d}\lambda/\mathrm{d}l$ 是线色散的倒数，它也是波长的函数。$r_\omega(\lambda)$ 和 $T(\lambda)$ 均用相对值表示，据上式不难得到光电倍增管所接收到的单色辐射功率

$$P(\lambda) = K r_\omega(\lambda) T(\lambda) \left(\frac{\mathrm{d}\lambda}{\mathrm{d}l}\right)_\lambda \tag{11-6}$$

式中，K 包括了所有的常数因子。在此辐射功率照射下产生的阳极电流为 $I(\lambda)$，所以光电倍增管的绝对光谱响应率为

$$S(\lambda) = \frac{I(\lambda)}{K r_\omega(\lambda) T(\lambda) (\mathrm{d}\lambda/\mathrm{d}l)_\lambda} \tag{11-7}$$

本实验中用电阻 R_L 作为阳极负载。测量 R_L 两端的电压，因为 $U(\lambda) = I(\lambda) R_\mathrm{L}(\lambda)$，以 $U(\lambda)$ 代替 $I(\lambda)$ 时 R_L 也可作为常数合并到 K 中。实验中通过测量对应不同波长的 $U(\lambda)$ 值，并查数据表 $T_{相对}(\lambda)$、$(\mathrm{d}\lambda/\mathrm{d}l)_\lambda$、$r_{\omega 相对}(\lambda)$ 的值，可计算出

$$KS(\lambda) = \frac{V(\lambda)}{r_\omega(\lambda) T(\lambda) (\mathrm{d}\lambda/\mathrm{d}l)_\lambda} \tag{11-8}$$

对 $KS(\lambda)$ 进行归一化可以消去常数 K，从而得到光电倍增管的相对光谱响应率 $S(\lambda)$，绘制 $S(\lambda)$ 与 λ 的关系曲线就是所要测量的光电倍增管的相对光谱响应曲线。以上测量只有在 $P(\lambda)$ 与 $I(\lambda)$ 成线性关系的条件下才能保证测量结果的准确性，即保证 $S(\lambda)$ 的值与 $P(\lambda)$ 的大小无关。对一般的光电倍增管来说，当阳极电流在 10^{-14} A 的数量级时，此条件就可以得到满足。

光电倍增管是一个非常灵敏的光信号探测设备，过高的加速电压和过强的入射光都非常容易导致内置的光阴极老化或者损坏，在实验中一定要注意加速电压和入射狭缝的调节，在探测前一定要保证入射狭缝为最小，加速电压为最低。

实验内容

（1）熟悉仪器的结构、开机顺序、可操作部件调节范围。

（2）了解光电倍增管的基本原理，通过调节加速电压观察光谱信号的变化。

（3）在不同仪器参数下测量不同光源的光谱分布曲线。

（4）分析测试曲线的特点。

实验注意事项

（1）光电倍增管属于弱光检测器件，不能接收强光的照射，否则会引起雪崩效应而损坏，因此测量时不能强光照射，光电倍增管与主机连接处的狭缝未经指导教师许可不允许随意调节。

（2）主机工作过程中严禁进行工作模式转换，入射狭缝宽度通常控制在 1 mm 左右，狭缝关闭后不可使劲拧动调节螺旋，以免损坏狭缝。

（3）测试数据按照指导教师要求存放到计算机指定目录下，不准随意安装或卸载软件。

思考题

（1）简述光栅光谱仪的工作原理。

（2）CCD 模式与光电倍增管模式有什么差别？什么情况下选用光电倍增管模式？什么情况下选用 CCD 模式？

（3）简述光电倍增管的工作原理，并说明在实验中使用光电倍增管应该注意哪些问题。

（4）如果用光栅光谱仪测试一种样品的透过率，分析如何布置实验。

（5）气体放电光源的工作原理是什么？气体放电光源的光谱与气体光源的光谱比较有什么特征？

（6）如何目视区别氢灯、汞灯、氦灯和钠灯？

参考文献

[1] 陈至坤，王淑香，王玉田，等. 双光栅光谱仪的光路设计及应用研究 [J]. 激光杂志，2015（11）：75-78.

[2] 裴世鑫，刘云，崔芬萍. 狭缝宽度对光栅光谱仪分辨率影响的实验研究 [J]. 实验科学与技术，2018，16（5）：47-52.

实验十二　氢原子光谱测定

✿ 背景介绍

原子光谱是由原子中的电子在能量变化时所发射或吸收的一系列波长的光所组成的光谱。原子光谱是一些线状光谱，发射谱是一些明亮的细线，吸收谱是一些暗线。原子的发射谱线与吸收谱线位置精确重合。不同原子的光谱各不相同，氢原子光谱最为简单，其他原子光谱较为复杂，最复杂的是铁原子光谱。用色散率和分辨率较大的摄谱仪拍摄的原子光谱还显示光谱线有精细结构和超精细结构，所有这些原子光谱的特征，反映了原子内部电子运动的规律性。

阐明原子光谱的基本理论是量子力学。原子按其内部运动状态的不同，可以处于不同的定态。每一定态具有一定的能量，主要包括原子体系内部运动的动能、核与电子间的相互作用能以及电子间的相互作用能。能量最低的态叫作基态，能量高于基态的叫作激发态，它们构成原子的各能级。高能量激发态可以跃迁到较低能态而发射光子，反之，较低能态可以吸收光子跃迁到较高激发态，发射或吸收光子的各频率构成发射谱或吸收谱。量子力学理论可以计算出原子能级跃迁时发射或吸收的光谱线位置和光谱线的强度。

原子光谱提供了原子内部结构的丰富信息。事实上研究原子结构的原子物理学和量子力学就是在研究分析阐明原子光谱的过程中建立和发展起来的。原子是组成物质的基本单元，原子光谱的研究对于分子结构、固体结构也有重要意义。原子光谱的研究对激发器的诞生和发展起着重要作用，对原子光谱的深入研究将进一步促进激光技术的发展；反过来，激光技术也为光谱学研究提供了极为有效的手段。原子光谱技术还广泛地用于化学、天体物理、等离子体物理和一些应用技术学科之中。

原子或离子的运动状态发生变化时，会发射或吸收有特定频率的电磁波谱。原子光谱的覆盖范围很宽，从射频段一直延伸到 X 射线频段，通常，原子光谱是指红外、可见、紫外区域的谱。

原子光谱中某一谱线的产生是与原子中电子在某一对特定能级之间的跃迁相联系的。因此，用原子光谱可以研究原子结构。由于原子是组成物质的基本单位，原子光谱对于研究分子结构、固体结构等也是很重要的。另一方面，由于原子光谱可以了解原子的运动状态，从而可以研究包含原子在内的若干物理过程。

▤ 实验目的

（1）进一步熟悉光栅光谱仪的性能与使用方法。
（2）测量氢原子的光谱，理解原子结构与原子跃迁过程。

✿ 实验原理

氢原子光谱是最简单、最典型的原子光谱。用电激发氢放电管（氢灯）中的稀薄的氢气（压强为 100 Pa 左右），可以得到线状的氢原子光谱。在 19 世纪下半期，科学家已了解到稀薄气体发光产生的光谱是不连续的。从 1885 年瑞士一名中学教师巴耳末发现描述氢原子光谱规律性的巴耳末公式开始，科学家经过大量实验数据分析出原子发射的线光谱是由按照一定规律组成的若干线系构成的。例如，氢原子光谱谱线的波数可用下述的经验公式来描述：

$$\lambda_H = \lambda_0 \frac{n^2}{n^2 - 4}$$

式中，λ_H 为氢原子谱线在真空中的波长；$\lambda_0 = 364.57$ nm 是一个经验常数；n 为氢原子中电子的能级，取整数。

如果用波数 $\tilde{\nu}$ 表示，则上式变为：

$$\tilde{\nu}_H = \frac{1}{\lambda_H} = R_H \left(\frac{1}{2^2} - \frac{1}{n^2} \right)$$

式中，R_H 为氢的里德伯常数。

根据玻尔理论，对氢和类氢原子的里德伯常数进行计算，得到：

$$R_z = \frac{2\pi^2 m e^4 z^2}{(4\pi\varepsilon_0)^2 c h^3 (1 + m/M)}$$

式中，M、m、e、c、h、ε_0 和 z 分别是原子核质量、电子质量、电子电荷、光速、普朗克常数、真空介电常数和原子序数。

当原子核质量 $M \to \infty$ 时，由上式可以得出相当于原子核不动时的里德伯常数（普适的里德伯常数）

$$R_\infty = \frac{2\pi^2 m e^4 z^2}{(4\pi\varepsilon_0)^2 c h^3}$$

所以也就有：

$$R_z = \frac{R_\infty}{(1 + m/M)}$$

对于氢原子而言，有：

$$R_H = \frac{R_\infty}{(1 + m/M_H)}$$

式中，M_H 是氢原子核的质量。

据此可以知道，通过实验测量得到氢的巴耳末线系的前几条谱线的波长，借助上式可以求得氢的里德伯常数。里德伯常数 R_∞ 是重要的基本物理常数之一，对它的精确测量在科学上具有重要的意义，目前它的推荐值为：

$$R_\infty = 10973731.568549(83) \, \text{m}^{-1}$$

表 12-1 是氢的巴耳末线系的波长。

表 12-1 氢的巴耳末线系的波长

谱线符号	H_α	H_β	H_γ	H_δ	H_ε	H_ξ	H_η	H_θ	H_ζ	H_κ
波长/nm	656.280	486.133	434.047	410.174	397.007	388.906	383.540	379.791	377.063	375.015

根据原子物理学知识，氢原子的光谱线系分为莱曼系、巴耳末系、帕邢系、布喇开系、普丰德系、汉弗莱斯系。如果从基态开始，氢原子能级分别标注为 E_1、$E_2 \cdots E_i \cdots$，那么 $E_i (i > 1)$ 能级向 E_1 的跃迁构成莱曼系，$E_i (i > 2)$ 向 E_2 的跃迁构成巴耳末系，依此类推，如图 12-1 所示。

相关的谱线系构成了氢原子的特征谱线，由于能级间能量的差异，谱线分布在从紫外到红外的宽广区域，具体通项和波段如下：

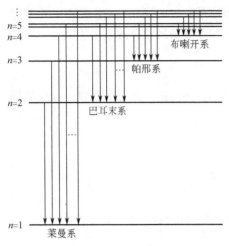

图 12-1　氢光谱谱线系跃迁示意图

（1）紫外部分

莱曼系：$\dfrac{1}{\lambda}=R_H\left(\dfrac{1}{1^2}-\dfrac{1}{n^2}\right)$，$n=2$，3，4⋯

（2）可见光部分

巴耳末系：$\dfrac{1}{\lambda}=R_H\left(\dfrac{1}{2^2}-\dfrac{1}{n^2}\right)$，$n=3$，4，5⋯

（3）红外部分

帕邢系：$\dfrac{1}{\lambda}=R_H\left(\dfrac{1}{3^2}-\dfrac{1}{n^2}\right)$，$n=4$，5，6⋯

布喇开系：$\dfrac{1}{\lambda}=R_H\left(\dfrac{1}{4^2}-\dfrac{1}{n^2}\right)$，$n=5$，6，7⋯

普丰德系：$\dfrac{1}{\lambda}=R_H\left(\dfrac{1}{5^2}-\dfrac{1}{n^2}\right)$，$n=6$，7，8⋯

汉弗莱斯系：$\dfrac{1}{\lambda}=R_H\left(\dfrac{1}{6^2}-\dfrac{1}{n^2}\right)$，$n=7$，8，9⋯

所有这些都可以一般地表达为两个光谱项的差值：

$$\frac{1}{\lambda}=T(m)-T(n)=RZ^2\left(\frac{1}{m^2}-\frac{1}{n^2}\right)$$

式中，R 为里德伯常数；Z 为类氢离子的原子序数；m、n 为氢原子中电子的能级，是整数，且 $n>m$。

总之，关于原子光谱规律可归结为：

（1）谱线的波数由两个谱项的差值来决定。

（2）如果前项保持定值，后项按整数参变量而变，则所给出的各谱线便是同一谱系中各谱线的波数。

（3）改变定项的数值，便给出不同的谱系。

现在，根据量子力学理论可清楚地知道氢光谱之所以出现如此有规律的谱线，是原子的电子能级结构以及原子在各能级间跃迁的必然反应。值得注意的是，计算 R_H 和 R_∞ 时，应该用氢谱线在真空中的波长，而实际的过程是在空气中发生的，所以要将空气中的波长转化为真空中的波长，也就是：$\lambda_{vacuum}=\lambda_{air}+\Delta\lambda$。巴耳末系的前六条谱线的修正值表示如表 12-2 所示。

表 12-2　巴耳末系的前六条谱线的修正值

氢谱线	H_α	H_β	H_γ	H_δ	H_ε	H_ξ
$\Delta\lambda/nm$	0.181	0.136	0.121	0.116	0.112	0.110

实验仪器

本实验使用的光谱获得设备是 WGD-8A 型组合式多功能光栅光谱仪。关于该设备的详细使用方法请查阅实验十一"组合式多功能光栅光谱仪的原理与使用"相关内容。

实验内容

（1）测量得到不同工作电压条件下的三组氢光源的光谱数据。

（2）计算各谱线的里德伯常数 R_H，并得到平均值。

（3）计算普适里德伯常数 R_∞，并与推荐值比较，得到相对误差。

实验注意事项

（1）光电倍增管属于弱光检测器件，不能接收强光的照射，否则会引起雪崩效应而损坏，因此测量时不能强光照射，光电倍增管与主机连接处的狭缝未经指导教师许可不允许随意调节。

（2）实验中使用的光源需要高压启动，并且有较强的紫外辐射，因此实验中连线要牢靠，光源工作期间不允许随意搬动，也不要长时间目视观看光源，光源通常要预热 10 min 才可以进行测量。

（3）主机工作过程中严禁进行工作模式转换，入射狭缝宽度通常控制在 1 mm 左右，狭缝关闭后不可使劲拧动调节螺旋，以免损坏狭缝。

（4）测试数据按照指导教师要求存放到计算机指定目录下，不准随意安装或卸载软件。

思考题

（1）氢原子光谱具有什么特征？

（2）谱线的峰宽与什么因素有关？

（3）随着光电倍增管加速电压的提高，同光源谱线会有什么变化？

（4）是不是加速电压越高，探测的谱线就越好？为什么？

参考文献

[1] 姜辉. 氢原子光谱实验研究 [J]. 大学物理实验，2003，16（1）：5-9.

[2] 朱鹤年，钱启予. 氢原子光谱实验的改进 [J]. 工科物理，1996（2）：27-28.

实验十三 色度的测量

背景介绍

色度学是研究光源或经光源照射后物体透射、反射的学科。色度学本身涉及物理、生理及心理等领域的知识，是一门交叉性很强的边缘学科。其目的是对人眼能观察到的颜色进行定量测量，在纺织、印染、印刷、计量、电视、照相等许多行业及领域有着广泛的应用。

实验目的

（1）通过学习，使学生掌握色度学的一些基本原理，掌握色度学的测试原理以及应用范围。

（2）通过熟悉 WGS-8 型色度实验装置的使用方法，了解色度的测量和计算方法，使学生能正确使用设备，掌握色度测量的操作流程。

（3）通过色度的测量，学生对实验产生兴趣，开展深度学习，提升发现、分析和解决问题的能力。

实验原理

1. 专用术语介绍

CIE 1931 系统：物体颜色的定量度量是复杂的，它涉及观察者的视觉生理、视觉心理以及照明条件、观察条件等许多方面。为了能够得到一致的度量效果，国际照明委员会（简称 CIE）规定了一套标准色度系统，称为 CIE 标准色度系统。该系统是近代色度学的基础组成部分，它是一种混色系统，是基于每一种颜色都能用三个选定的原色按适当比例混合而成的基本事实建立起来的。

三刺激值：在 CIE 系统中，为混合某一种颜色时所需的三个基本颜色（即原色）的数量。

主波长：一种颜色 S_λ 的主波长，指的是某一种光谱色的波长，这种光谱色按一定比例与一种确定的参照光源相互混合，能匹配出颜色 S_λ。

兴奋纯度：是指主波长的光谱色在样品中所占亮度的比例，在 CIE 色度图上用白光到样品点的距离与样品点到主波长点的距离的比例表示。

亮度纯度：是指一种主波长的光谱色被白光冲淡的程度，实质上是表示了主波长光谱色的三刺激值在样品三刺激值中所占的比例，在 CIE 色度图上无法表示出来。在计算亮度纯度时，用样品主波长的 y 坐标与样品色坐标的 y 值的差值乘以兴奋纯度来表示。

标准光源：能发光的物理辐射体，如灯、太阳。CIE 规定了"标准光源"来实现标准照明体的光谱分布。

标准照明体：指特定的光谱分布，这样的光谱分布不一定能用一个具体的光源来实现。CIE"标准照明体"是由相对光谱分布来定义的，以函数表格的形式给出。

2. 色度学基础

自然界中所有的颜色分黑白和彩色两个系列，黑灰白以外的所有颜色均为彩色系列，如红、橙、黄、绿、青、蓝、紫等，其波长范围从 $380\sim780$ nm 之间。彩色有三个特性，即明度（也称亮度纯度）、色调（也称主波长或补色主波长）、色纯度（也称为饱和纯度）。

为定量表示颜色，采用三刺激值是一种可行的方法，为了测得物体颜色的三刺激值，首先必须研究人眼的颜色视觉特性，测出光谱的三刺激值。实验证明，不同观察者的视觉特性多少是有差别的，但是具有正常颜色视觉的人此差异是不大的，故有可能根据一些观察者进行的颜色匹配实验，将他们的实验数据加以平均，确定一组匹配等能光谱色所需的三原色数据。此数据称为"标准色度观察者光谱三刺激值"，以此来代表人眼的平均颜色视觉特性。当时，不少科学工作者进行了这类实验，但是由于选用的三原色不同及确定三刺激值单位的方法不一致，因而数据无法统一。1931 年在美国剑桥市举行的 CIE 会议上，统一了上述实验结果，提出了 CIE 标准色度观察者和色度坐标系统，规定了三种标准光源，并对测量反射面的照明观测条件进行了标准化，从而建立起 CIE1931 标准色度系统。

1931 年，CIE 指定在色度测量中使用的三种标准（照明）光源：S_A——在色温 2856K 工作的钨丝灯，S_B——中午的太阳光，S_C——全日平均太阳光。在说明一样品的颜色时，要指出三种基本颜色（即原色）的相对含量，也就是说，把这三种颜色加在一起时，刚好与在三种标准光源之一照明下样品的颜色一样。在 CIE 系统中，三个基本颜色被称为"基础激励"，而一个颜色使用它的三色激励值（又称三刺激值）表示。三个基础激励 x、y、z 相应于红（R）、绿（G）、蓝（B），这三者却不是真正的颜色，只是说任何颜色可以用 $\overline{x}$ 数量的 x，$\overline{y}$ 数量的 y，$\overline{z}$ 数量的 z 混合起来加以说明。例如 560 nm 的纯光谱色，在单位辐射通量中，看起来等价于 $\overline{x}=0.595$，$\overline{y}=0.995$，$\overline{z}=0.0039$ 组合而成的混合色，这里 $\overline{x}$、$\overline{y}$、$\overline{z}$ 是三色激励值。

在理论上为了定量表示颜色，采用平面直角色度坐标

$$x=\frac{X}{X+Y+Z}, \qquad y=\frac{Y}{X+Y+Z}, \qquad z=\frac{Z}{X+Y+Z} \tag{13-1}$$

式中，X、Y、Z 为三刺激值。所有的光谱色在色坐标上为一马蹄形曲线，该图称为 CIE1931 色坐标（图 13-1），在图中红、绿、蓝三基色坐标为顶点，围成的三角形内的所有颜色均可以由三基色按一定的量匹配生成。任一颜色 $M(x,y)$ 的色调是由其照明光源坐标点（如 A 光源）到 M 点连线并延长与光谱轨迹相交于 N 点，N 点的光谱色调即为主波长（或补色波长），则 M 的饱和纯度

$$P=\frac{AM}{AN}=\frac{x_M-x_A}{x_N-x_A} \tag{13-2}$$

M 的色度纯度

$$M=\frac{AM}{MN}=\frac{x_M-x_A}{x_N-x_M} \tag{13-3}$$

为测量某光源（发光体）的色坐标，必须先测量其光谱组成的功率分布 $s(\lambda)$，然后再查表找出各光谱的三刺激值 $x(\lambda)$、$y(\lambda)$、$z(\lambda)$，则光源的三刺激值为：

$$X=K\sum_{\lambda}s(\lambda)\overline{x}(\lambda)\Delta\lambda, \quad Y=K\sum_{\lambda}s(\lambda)\overline{y}(\lambda)\Delta\lambda, \quad Z=K\sum_{\lambda}s(\lambda)\overline{z}(\lambda)\Delta\lambda \tag{13-4}$$

式中，K 为调整因数，它是将发光体的 Y 值调整为 100 时得到的值。

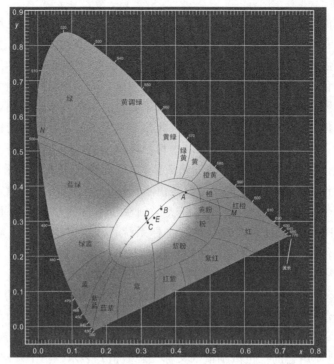

图 13-1　CIE 1931 色度图

$$K = \frac{100}{\sum\limits_{\lambda} s(\lambda)\overline{y}(\lambda)\Delta\lambda} \tag{13-5}$$

色坐标为

$$x = \frac{X}{X+Y+Z}, \quad y = \frac{Y}{X+Y+Z}, \quad z = \frac{Z}{X+Y+Z} \tag{13-6}$$

为测量某透射或反射样品的色坐标，必须先测量其样品的透射或反射曲线 $T(\lambda)$，然后再查表找出各光谱的三刺激值 $\overline{x}(\lambda)$、$\overline{y}(\lambda)$、$\overline{z}(\lambda)$ 及参考光的功率分布 $s(\lambda)$，则

$$X = \sum\limits_{\lambda} s(\lambda)T(\lambda)\overline{x}(\lambda), \quad Y = \sum\limits_{\lambda} s(\lambda)T(\lambda)\overline{y}(\lambda), \quad Z = \sum\limits_{\lambda} s(\lambda)T(\lambda)\overline{z}(\lambda) \tag{13-7}$$

该样品的色坐标为

$$x = \frac{X}{X+Y+Z}, \quad y = \frac{Y}{X+Y+Z}, \quad z = \frac{Z}{X+Y+Z} \tag{13-8}$$

实验仪器

本实验仪器为 WGS-8 型色度实验系统。该系统由光栅单色仪（光谱仪）、接收单元、扫描系统、电子放大器、A/D 采集单元、计算机及打印机等组成。该设备集光学、精密机械、电子学、计算机技术于一体。各部分之间的连接如图 13-2 所示（各部分的连线插头均唯一，不会出现插错现象）。

1. 仪器组成

光谱仪由以下几部分组成：单色器外壳、狭缝、吸收池、积分球、接收单元、光栅驱动系统以及光学系统等。

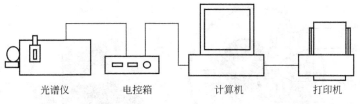

图 13-2　WGS-8 型色度实验系统连线图

（1）仪器采用双出缝的方式，使得在不同模式测量时，既能有较方便的操作，又能提供足够的能量，有较好的信噪比，如图 13-3 所示。

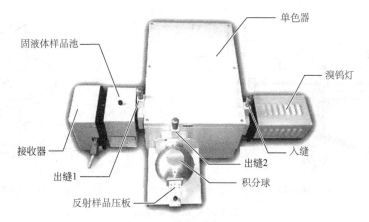

图 13-3　光谱仪外形图

（2）固/液体样品池：采用液体样品池、固体样品架以及光阑组合的方式，使得固/液体都能方便地测量，光阑的存在，使得对固体样品的大小要求较低（直径大于 5 mm），如图 13-4 所示。

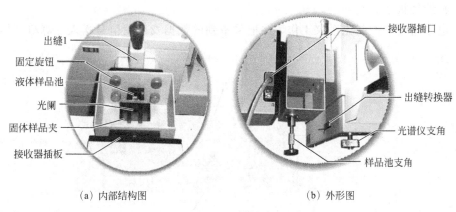

（a）内部结构图　　　　　　　　（b）外形图

图 13-4　样品池

（3）反射测量装置，如图 13-5 所示。

（4）仪器采用图 13-6 所示的正弦机构进行波长扫描，丝杠由步进电机通过同步带驱动，螺母沿丝杠轴线方向移动，正弦杆由弹簧拉靠在滑块上，正弦杆与光栅台连接，并绕光栅台中心回转，从而带动光栅转动，使不同波长的单色光依次通过出射狭缝而完成扫描。

图 13-5 反射测量装置

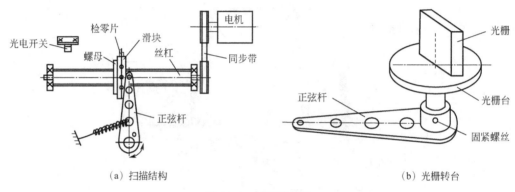

（a）扫描结构 （b）光栅转台

图 13-6 正弦机构图

（5）狭缝为直狭缝，宽度范围 0～2.5 mm 连续可调，顺时针旋转为狭缝宽度加大，反之减小，每旋转一周狭缝宽度变化 0.5 mm。为延长使用寿命，调节时注意最大不超过2.5 mm，平时不使用时，狭缝最好开到 0.1～0.5 mm 左右。

（6）为去除光栅光谱仪中的高级次光谱，在使用过程中，操作者可根据需要把备用的滤光片插入狭缝插板上。

（7）电控箱用于控制光谱仪工作，并把采集到的数据及反馈信号送入计算机，如图 13-7所示。

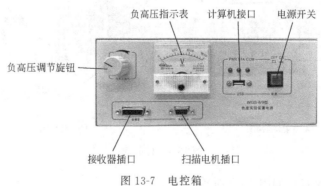

图 13-7 电控箱

（8）光路系统：单色器的光路图如图 13-8 所示，采用的是光栅分光系统（C-T 型）。入射狭缝、出射狭缝均为直狭缝，宽度范围为 0～2.5 mm 连续可调，光源发出的光束进入入射狭缝 S_1，S_1 位于反射式准光镜 M_2 的焦面上，通过 S_1 射入的光束经 M_2 反射成平行光束投向平面衍射光栅 G 上，衍射后的平行光束经物镜 M_3 成像在 S_2 上或 S_3 上（通过转镜调节）。

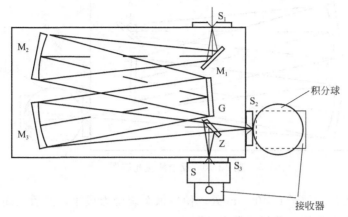

图 13-8　单色器的光路图

M_1—反射镜；M_2—准光镜；M_3—物镜；G—平面衍射光栅；Z—转镜；S_1—入射狭缝；
S_2—光电倍增管接收；S_3—观察口；S—样品池

2. 仪器使用说明

（1）开机。确认各条信号线及电源线连接好后，按下电控箱上的电源按钮，仪器正式启动。

（2）透过率及发光体测量的使用方法。如果当前接收器不是放在出缝 1 端，关闭电源，把接收器移到出缝 1 端，并把转镜打到出缝 1 端。当放置样品时，打开样品池盖，把有液体样品的比色皿放入液体样品池或把固体样品直接插在固体样品架上，然后开机测量（当测量透过率时，要先放空白样品做透过基线），光路图如图 13-9 所示。

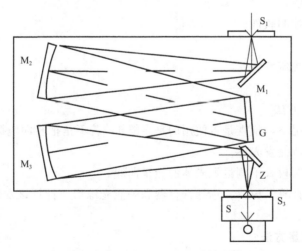

图 13-9　透过率测量光路图

（3）反射测量的使用方法。如果当前接收器不是放在出缝 2 端，关闭电源，把接收器移到出缝 2 端，并把转镜打到出缝 2 端。当放置样品时，拉开样品压板，把样品放在积分球的样品反射口处，并压上压板，然后开机测量（测量反射率前，要先放标准白板作反射基线），光路图如图 13-10 所示。

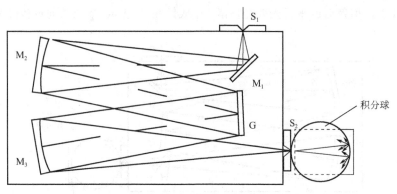

图 13-10 反射测量光路图

（4）关机。先检索波长到 400 nm 处，使机械系统受力最小，然后关闭应用软件，最后按下电控箱上的电源按钮，关闭仪器电源。

实验内容

（1）发光体的色度测量。

（2）测量透射样品的色度。

（3）反射样品的色度测量。

实验步骤

1. 一般实验的操作步骤

（1）检查连线是否正确。

（2）打开仪器电源。

（3）启动计算机控制软件。

（4）测量计算。

（5）关闭计算机控制软件。

（6）关闭仪器。

2. 发光体的测量方法

（1）在开机的情况下，检查是否使用的是出缝 1，若不是把转向镜拨到出缝 1 上。

（2）把光源换为待测发光体。

（3）在"发光体"模式下测量发光体的能量曲线。

（4）打开"色度计算"窗口，选择寄存器和等能光源后，计算该发光体在等能光源下的色度坐标及其他参数。

3. 透射样品的测量方法

（1）开仪器电源及光源，选择出缝 1，启动计算机并启动控制软件，如图 13-11 所示。

（2）在软件参数设置区，将电机延时定为 10 ms，采集次数定为 300 次，选择"透过基线"工作模式及寄存器-1。样品池置空，调节负高压（约为 300 V）及狭缝，使测量到的透射基线比较大（一般在 20%～40%），但信号又没溢出（此步骤可能要反复做几遍才能得到理想的结果）。

（3）在上面确定的条件不变的情况下，测量空气的透过率曲线，定出透射基数。

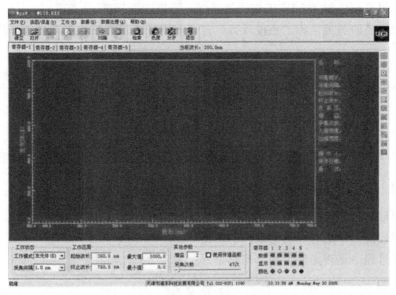

图 13-11　控制软件界面

（4）模式选择为"透过率"，放入红色滤光片，选择寄存器-2，测量其透射率曲线。

（5）打开"色度计算"窗口，选择寄存器-2 和参照光源后，计算样品在参照光源下的色度坐标及其他参数（光源是在色温 2856K 工作的钨丝灯，所以选择标准 A 光源），数据填入自拟表格。

（6）将红色滤光片分别换成绿、蓝两种滤光片，对应寄存器-3、寄存器-4，测量其透射率曲线，重复步骤（5），计算样品在参照光源下的色度坐标及其他参数。在更换样品时若没有改变电机延时和采集次数，则不需要重测透射基线。

4. 反射样品的测量方法

（1）在开机的情况下，选择出缝 2，在参数设置区，将电机延时定为 10 ms，采集次数定为 300 次，选择"反射基线"工作模式及寄存器-1。

（2）将标准白板放入反射测量样品池，调节负高压（450 V 左右）及狭缝，使测量到的反射基线比较大（一般在 20%～40%），但信号又没溢出（此步骤可能要反复做几遍才能得到理想的结果）。

（3）在上面确定的条件不变的情况下，使用标准白板做反射基线。

（4）模式选择为"反射率"，将白板拿出，放入样品 1（蓝色纸片），在寄存器-2 中测量样品的反射率。

（5）打开"色度计算"窗口，选择寄存器-2 和参照光源后，计算该样品在参照光源下的色度坐标及其他参数（选择标准 A 光源）。

（6）更换样品 2（红色纸片），选择寄存器-3，测量它的反射率和其他参数。

🍎 实验数据处理

（1）发光体色度测量：将"色度计算"窗口截图，记录下色坐标以及其他参数，与理论值做比较。

（2）透射样品的测量：将"色度计算"窗口截图，记录样品在参照光源下的色度坐标及其他参数（光源是在色温 2856K 工作的钨丝灯，所以选择标准 A 光源）。

（3）反射样品的测量：将"色度计算"窗口截图，记录样品在参照光源下的色度坐标及其他参数。

💡 实验注意事项

（1）开机的时候，光源一定要预热 5～10 min。

（2）测量过程中，注意信号不能饱和。

（3）如果通过调节狭缝进行发光强度调节，需缓慢调节狭缝，避免狭缝碎裂。

✒️ 思考题

（1）在测量透射样品时，透射基线的测量需要注意什么？

（2）在测量反射样品时，反射基线的测量需要注意什么？

（3）测量过程中是否光谱分辨率越高越好？为什么？

参考文献

[1] 廖宁放，石俊生，贺书芳，等. 高等色度学 [M]. 北京：北京理工大学出版社，2020.

[2] 金伟其，胡威捷. 辐射度、光度与色度及其测量 [M]. 北京：北京理工大学出版社，2011.

实验十四　声光调制实验

⚙ 背景介绍

声光调制的物理基础是声光效应。声光效应是指光波在介质中传播时，被超声波场衍射或散射的现象。介质的折射率周期变化形成折射率光栅时，光波在介质中传播就会发生衍射现象，衍射光的强度、频率和方向等将随着超声场的变化而变化。声光效应在很多方面有着重要的应用。例如，它可用于激光束偏转，激光显示，激光记录，激光打印，激光排版，激光器主动锁模、腔倒空，激光频率调制以及光信号处理等。

📖 实验目的

（1）了解声光相互作用的基本原理。
（2）掌握拉曼-奈斯衍射和布拉格衍射的基本原理和工作特性。
（3）掌握声光调制器的基本结构。
（4）深刻理解信号加载的基本过程及实现方法。

🌱 实验原理

超声波通过介质时会造成介质的局部压缩和伸长而产生弹性应变，该应变随时间和空间作周期性变化，使介质出现疏密相间的现象。当光通过这一受到超声波扰动的介质时就会发生衍射现象，这种现象称为声光效应。存在于超声波中的此类介质可视为一种由声波形成的位相光栅（称为声光栅），其光栅的栅距（光栅常数）即为声波波长。当一束平行光束通过声光介质时，光波就会被该声光栅衍射而改变光的传播方向，并使发光强度在空间作重新分布。

声光器件由声光介质和换能器两部分组成。前者常用的有钼酸盐（PM）、氧化碲等，后者为由射频压电换能器组成的超声波发生器。图 14-1 为声光调制原理图。

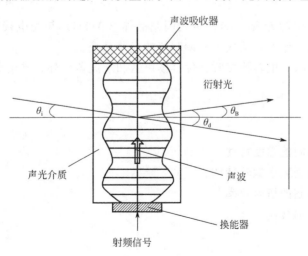

图 14-1　声光调制原理图

理论分析指出，当入射角（入射光与超声波面间的夹角）θ_i 满足以下条件时，衍射光最强。

$$\sin\theta_i = N\left(\frac{2\pi}{\lambda_s}\right)\left(\frac{\lambda}{4\pi}\right) = N\left(\frac{\lambda}{2\lambda_s}\right) \tag{14-1}$$

式中，N 为衍射光的级数；λ 为入射光的波长，其中其波数 $k = \frac{2\pi}{\lambda}$；λ_s 为超声波的波长，其中其波数 $K = \frac{2\pi}{\lambda_s}$。

声光衍射主要分为布拉格衍射和拉曼-奈斯衍射两种类型。前者通常声频较高，声光作用过程较长；后者则反之。由于布拉格衍射效率较高，故一般声光器件主要工作在仅出现一级光（$N=1$）的布拉格区。

满足布拉格衍射的条件是：

$$\sin\theta_B = \frac{\lambda F}{2v_s} \tag{14-2}$$

式中，F 和 v_s 分别为超声波的频率和速度；λ 为光波的波长。

在入射角 θ_i 较小，且满足 $\theta_i = \theta_B$ 的布拉格衍射条件情况下，由式（14-1）可知，此时 $\theta_B \approx \frac{K}{2k}$，并有最强的正一级（或负一级）的衍射光呈现。

入射（掠射）角 θ_i 与衍射角 θ_B 之和称为偏转角 θ_d，由式（14-2）可得

$$\theta_d = \theta_i + \theta_B = 2\theta_B = \frac{K}{k} = \frac{\lambda}{\lambda_s} = F\frac{\lambda}{v_s} \tag{14-3}$$

由此可见，当声波频率 F 改变时，衍射光的方向亦将随之线性改变。同时由此也可求得超声波在介质中的传播速度为：

$$v_s = \frac{F\lambda}{\theta_d} \tag{14-4}$$

🐒 实验仪器

本实验采用的是 SGT-1 型声光调制实验仪。该声光调制实验系统由光路和电路两大单元组成。

（1）光路系统。由激光管（L）、声光调制晶体（AOM）与光电接收（R）、CCD 接收等单元组装在精密光具座上，构成声光调制仪的光路系统。

（2）电路系统。除光电转换接收部件（扬声器和示波器）外，其余电路单元全部组装在同一控制单元之中。

📚 实验内容

（1）测试声光调制的幅度特性。

（2）测试声光调制频率偏转特性。

（3）测量声光调制的衍射效率。

（4）测量超声波的波速。

🔧 实验步骤

1. 测试前准备

（1）在光具座的滑座上放置好激光器和光电接收器，并安置好声光调制器的载物台。

（2）按系统连接方法，将激光器、声光调制器、光电接收等组件连接到位。

（3）光路对准：打开电源开关，连通激光电源，调节激光器尾部的旋钮，使激光束达到足够强度。先将激光器推近光电接收器，调节激光器架上的前后各三支夹持螺钉，使激光器基本保持水平，并使激光束落在接收器塑盖的中心点上；然后使激光器远离接收器，再次调节后面的夹持螺钉，务必使光点保持在塑盖的中心位置上，以后激光器与接收器的位置不必再动。

（4）用所提供的电缆线分别将前面板的"调制监视"与"解调输出"插座和双踪示波器的 Y_I 和 Y_{II} 输入端相连，移去接收器塑盖时，接收发光强度指示表应有读数。

（5）将声光调制器的透光孔置于载物台的中心位置，用压杆将调制器初步固定，然后使该滑座在靠近激光管附近的导轨内就位。

（6）调节载物平台的高度和转向，使激光束恰在声光调制器的透光孔中间穿过，再用压杆将声光调制器固定紧。

（7）使光电接收器前端的弹簧钢丝夹夹持住白色像屏。

2. 测试

（1）测试声光调制的幅度特性。

① 调节激光束的亮度，使像屏中心有明晰的光点呈现，此即为声光调制的 0 级光斑。

② 打开载波选择开关，拨至"80 MHz"的挡位，调节"载波幅度"旋钮，此时 80 MHz 的超声波即对声光介质进行调制。

③ 微调载物平台声光调制器的转向，以改变声光调制器的光点入射角，即可出现因声光调制而偏转的衍射光斑。当一级衍射光最强时，声光调制器即运转在布拉格条件下的偏转状态。

④ 取去像屏，使激光束的 0 级光仍落在光敏接收孔的中心位置上。

⑤ 调节接收器滑座的测微机构，使接收孔横向移动到 1 级光的位置。

⑥ 调节"载波幅度"旋钮，分别读出载波电压与接收发光强度的大小，画出发光强度与调制电压的关系曲线。

（2）测试声光调制频率偏转特性。

① 将接收器滑座横向细调到线阵 CCD 矩形接收孔的中间位置上，适当调整示波器，使其正确呈现出 0 级光和次级光的声光调制偏转曲线。

② 按测试"声光调制幅度"特性的步序，先将"载波选择"开关置于"关"的位置，记下接收器滑座横向测微计在 0 级时的读数。

③ 将"载波选择"开关置于Ⅰ和Ⅱ的位置，可以观察到 1 级光（或多级光）的平移变化现象。

④ 调节"载波频率"旋钮，微调接收器横向测微计，使其始终跟踪 1 级光的位置。分别记下载波频率指示与测微计读数（即平移距离 d）。

⑤ 待测得 1 级光和 0 级光点间的距离 d 与声光调制器到接收孔之间的距离 L 后，即可求出声光调制的偏转角：

$$\theta_{d} \approx \frac{d}{L}$$

⑥ 画出偏转角与调制频率的关系曲线。

⑦ 测得各调制频率 F 值所对应的衍射光发光强度 I_d，画出衍射光发光强度与调制频率的关系曲线，该曲线中的 I_d 峰值 I_{dmax} 应与中心频率相对应，而其与下降 3dB 所对应的频率差即为声光调制器的带宽。

（3）测量声光调制器的衍射效率。衍射效率 $\eta = \dfrac{I_{dmax}}{I_0}$，即最大衍射光发光强度 I_{dmax} 与 0 级光强 I_0 之比。要测得最强衍射光与 0 级光发光强度之比，需分别测得最强衍射光与 0 级光的发光强度值，其比值即为衍射效率。

（4）测量超声波的波速。将超声波频率 F、偏转角 θ_d 与激光波长 λ 各值代入式（14-4），即可计算出超声波在介质中的传播速度。

实验注意事项

（1）为防止强激光束长时间照射而导致光敏管疲劳或损坏，调节或使用后随即用塑盖将光电接收孔盖好。

（2）调节过程中必须避免激光直射人眼，以免对眼睛造成伤害。

思考题

（1）什么是声光调制现象？

（2）声光晶体具有什么特征？

（3）声光调制现象有什么实际用途？

（4）本实验操作的关键问题是什么？

参考文献

[1] 董孝义，盛秋琴，杨性愉. 声光调制 [J]. 物理实验，1983，2.

[2] 张化福，胡光辉. 声光效应的实验研究 [J]. 山东理工大学学报（自然科学版），2008，22（1）：52-54.

实验十五　液晶电光效应

⚙ 背景介绍

液晶是介于液体与晶体之间的一种物质状态。一般的液体内部分子排列是无序的，而液晶既具有液体的流动性，其分子又按一定规律有序排列，使它呈现晶体的各向异性。当光通过液晶时，会产生偏振面旋转、双折射等效应。液晶分子是含有极性基团的极性分子，在电场作用下，偶极子会按电场方向取向，导致分子原有的排列方式发生变化，从而使液晶的光学性质也随之发生改变，这种因外电场引起的液晶光学性质的改变称为液晶的电光效应。

1888 年，奥地利植物学家 Reinitzer 在做有机物溶解实验时，在一定的温度范围内观察到液晶。1961 年美国 RCA 公司的 Heimeier 发现了液晶的一系列电光效应，并制成了显示器件。从 20 世纪 70 年代开始，日本公司将液晶与集成电路技术结合，制成了一系列的液晶显示器件，并至今在这一领域保持领先地位。液晶显示器件由于具有驱动电压低（一般为几伏）、功耗极小、体积小、寿命长、环保无辐射等优点，在当今各种显示器件的竞争中有独领风骚之势。

📖 实验目的

（1）在掌握液晶光开关的基本工作原理的基础上，测量液晶光开关的电光特性曲线，并由电光特性曲线得到液晶的阈值电压和关断电压。

（2）测量驱动电压周期变化时，液晶光开关的时间响应曲线，并由时间响应曲线得到液晶的上升时间和下降时间。

（3）测量由液晶光开关矩阵所构成的液晶显示器的视角特性以及在不同视角下的对比度，了解液晶光开关的工作条件。

（4）了解液晶光开关构成图像矩阵的方法，学习和掌握这种矩阵所组成的液晶显示器构成文字和图形的显示模式，从而了解一般液晶显示器件的工作原理。

🌱 实验原理

1. 液晶光开关的工作原理

液晶的种类很多，仅以常用的 TN（扭曲向列）型液晶为例，说明其工作原理。TN 型液晶光开关的结构如图 15-1 所示。在两块玻璃板之间夹有正性向列相液晶，液晶分子的形状如同火柴一样，为棍状。棍的长度在十几埃，直径为 $4\sim6\,\text{Å}$，液晶层厚度一般为 $5\sim8\,\mu\text{m}$。玻璃板的内表面涂有透明电极，电极的表面预先作了定向处理（可用软绒布朝一个方向摩擦，也可在电极表面涂取向剂），这样，液晶分子在透明电极表面就会躺倒在摩擦所形成的微沟槽里；电极表面的液晶分子按一定方向排列，且上下电极上的定向方向相互垂直。上下电极之间的那些液晶分子因范德瓦耳斯力的作用，趋向于平行排列。然而由于上下电极上液晶的定向方向相互垂直，所以从俯视方向看，液晶分子的排列从上电极的沿$-45°$方向排列，逐步地、均匀地扭曲到下电极的沿$+45°$方向排列，整个扭曲了 90°，如图 15-1（a）所示。

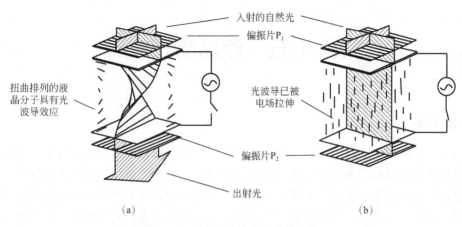

入射的自然光

偏振片P₁

扭曲排列的液晶分子具有光波导效应

光波导已被电场拉伸

偏振片P₂

出射光

(a)   (b)

图 15-1   TN 型液晶光开关的结构

理论和实验都证明，上述均匀扭曲排列起来的结构具有光波导的性质，即偏振光从上电极表面透过扭曲排列起来的液晶传播到下电极表面时，偏振方向会旋转 90°。

取两张偏振片贴在玻璃的两面，P_1 的透光轴与上电极的定向方向相同，P_2 的透光轴与下电极的定向方向相同，于是 P_1 和 P_2 的透光轴相互正交。在未加驱动电压的情况下，来自光源的自然光经过偏振片 P_1 后只剩下平行于透光轴的线偏振光，该线偏振光到达输出面时，其偏振面旋转了 90°。这时光的偏振面与 P_2 的透光轴平行，因而有光通过。

在施加足够电压情况下（一般为 $1\sim2V$），在静电场的作用下，除了基片附近的液晶分子被基片"锚定"以外，其他液晶分子趋于平行于电场方向排列。于是原来的扭曲结构被破坏，变成了均匀结构，如图 15-1（b）所示。从 P_1 透射出来的偏振光的偏振方向在液晶中传播时不再旋转，保持原来的偏振方向到达下电极。这时光的偏振方向与 P_2 正交，因而光被关断。

由于上述光开关在没有电场的情况下让光透过，加上电场的时候光被关断，因此叫作常通型光开关，又叫作常白模式。若 P_1 和 P_2 的透光轴相互平行，则构成常黑模式。

液晶可分为热致液晶与溶致液晶。热致液晶在一定的温度范围内呈现液晶的光学各向异性，溶致液晶是溶质溶于溶剂中形成的液晶。目前用于显示器件的都是热致液晶，它的特性随温度的改变而有一定变化。

2. 液晶光开关的电光特性

图 15-2 为光线垂直液晶面入射时，本实验所用液晶相对透射率（不加电场时的透射率为 100%）与外加电压的关系。由图 15-2 可见，对于常白模式的液晶，其透射率随外加电压的升高而逐渐降低，在一定电压下达到最低点，此后略有变化。可以根据此电光特性曲线图得出液晶的阈值电压和关断电压。阈值电压是透射率为 90% 时的驱动电压；关断电压是透射率为 10% 时的驱动电压。

液晶的电光特性曲线越陡，即阈值电压与关断电压的差值越小，由液晶开关单元构成的显示器件允许的驱动路数就越多。TN 型液晶最多允许 16 路驱动，故常用于数码显示。在电脑、电视等需要高

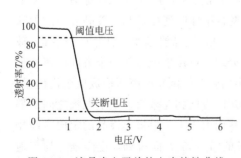

图 15-2   液晶光电开关的电光特性曲线

分辨率的显示器件中，常采用 STN（超扭曲向列）型液晶，以改善电光特性曲线的陡度，增加驱动路数。

3. 液晶光开关的时间响应特性

加上（或去掉）驱动电压能使液晶的开关状态发生改变，是因为液晶的分子排序发生了改变，这种重新排序需要一定时间，反映在时间响应曲线上，用上升时间 τ_r 和下降时间 τ_d 描述。给液晶开关加上一个图 15-3（a）所示的周期性变化的电压，就可以得到液晶的时间响应曲线。上升时间和下降时间的确定如图 15-3（b）所示。

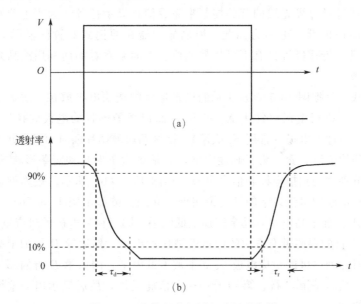

图 15-3　液晶驱动电压和时间响应图

上升时间为透射率由 10% 升到 90% 所需时间；下降时间为透射率由 90% 降到 10% 所需时间。液晶的响应时间越短，显示动态图像的效果越好，这是液晶显示器的重要指标。早期的液晶显示器在这方面逊色于其他显示器，现在通过结构方面的技术改进，已达到很好的效果。

4. 液晶光开关的视角特性

液晶光开关的视角特性表示对比度与视角的关系。对比度是指光开关打开和关断时透射光发光强度之比。对比度大于 5 时，可以获得满意的图像；对比度小于 2，图像就模糊不清了。

图 15-4 表示了某种液晶视角特性的理论计算结果，用与原点的距离表示垂直视角（入射光线方向与液晶屏法线方向的夹角）的大小。图中 3 个同心圆分别表示垂直视角为 30°、60° 和 90°。90° 同心圆外面标注的数字表示水平视角（入射光线在液晶屏上的投影与 0° 方向之间的夹角）的大小。图 15-4 中的闭合曲线为不同对比度时的等对比度曲线。

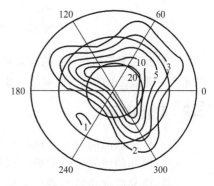

图 15-4　液晶的视角特性

由图 15-4 可以看出，液晶的对比度与垂直和水平视角都有关，而且具有非对称性。若把具有图 15-4 所示视角特性的液晶开关逆时针旋转，以 220° 方向向下，并由多个显示开关组成液晶显示屏，则该液晶显示屏的左右视角特性对称，在左右和俯视 3 个方向，垂直视角接近

60°时对比度为5，观看效果较好。在仰视方向，对比度随着垂直视角的加大而迅速降低，观看效果差。

5. 液晶光开关构成图像显示矩阵的方法

除了液晶显示器，其他显示器靠自身发光来实现信息显示功能。这些显示器主要有：阴极射线管显示（CRT），等离子体显示（PDP），电致发光显示（ELD），发光二极管显示（LED），有机发光二极管显示（OLED），真空荧光管显示（VFD），场发射显示（FED）。这些显示器因为要发光，所以要消耗大量的能量。

液晶显示器通过对外界光线的开关控制来完成信息显示任务，为非主动发光型显示，其最大的优点在于能耗极低。正因为如此，液晶显示器在便携式装置的显示方面，例如电子表、万用表、手机、传呼机等具有不可代替地位。下面来看看如何利用液晶光开关来实现图形和图像显示任务。

矩阵显示方式，是把图 15-5（a）所示的横条形状的透明电极放在一块玻璃片上，该电极叫作行驱动电极，简称行电极（常用 X_i 表示），而把竖条形状的电极放在另一块玻璃片上，叫作列驱动电极，简称列电极（常用 S_i 表示）。把这两块玻璃片面对面组合起来，把液晶灌注在这两片玻璃之间构成液晶盒。为了画面简洁，通常将横条形状和竖条形状的 ITO 电极抽象为横线和竖线，分别代表扫描电极和信号电极，如图 15-5（b）所示。矩阵型显示器的工作方式为扫描方式。显示原理可依以下的简化说明做一介绍。欲显示图 15-5（b）的那些有方块的像素，首先在第 A 行加上高电平，其余行加上低电平，同时在列电极的对应电极 c、d 上加上低电平，于是第 A 行的那些带有方块的像素就被显示出来。然后第 B 行加上高电平，其余行加上低电平，同时在列电极的对应电极 b、e 上加上低电平，因而第 B 行的那些带有方块的像素被显示出来了。然后是第 C 行、第 D 行……，依此类推，最后显示出一整场的图像。这种工作方式称为扫描方式。

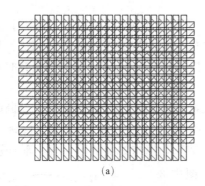
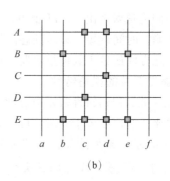

（a）　　　　　　　　　　　　（b）

图 15-5　液晶光开关组成的矩阵式图形显示器

这种分时间扫描每一行的方式是平板显示器的共同寻址方式，依这种方式，可以让每一个液晶光开关按照其上的电压的幅值让外界光关断或通过，从而显示出任意文字、图形和图像。

实验内容

（1）根据液晶的电光特性测量实验，测得液晶的阈值电压和关断电压。

（2）液晶的时间特性实验，测量液晶的上升时间和下降时间。

（3）液晶的视角特性测量实验（液晶板方向可以参照图 15-6）。

（4）液晶的图像显示原理实验。

⚙ 实验步骤

将液晶板金手指 1（图 15-6）插入转盘上的插槽，液晶凸起面必须正对光源发射方向。打开电源开关，点亮光源，使光源预热 10 min 左右。

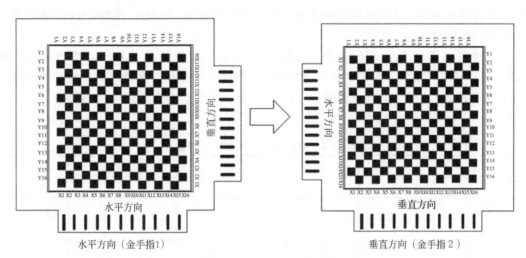

图 15-6　液晶板方向（视角为正视液晶屏凸起面）

在正式进行实验前，首先需要检查仪器的初始状态，看发射器光线是否垂直入射到接收器；在静态 0V 供电电压条件下，透射率显示经校准后是否为"100%"。如果显示正确，则可以开始实验；如果不正确，需将仪器调整好再进行实验。

1. 液晶光开关电光特性测量

将模式转换开关置于静态模式，将透射率显示校准为 100%，按表 15-1 的数据改变电压，使得电压值从 0V 到 6V 变化，记录相应电压下的透射率数值。重复 3 次并计算相应电压下透射率的平均值，依据实验数据绘制电光特性曲线，可以得出阈值电压和关断电压。

表 15-1　液晶光开关电光特性测量

电压/V		0	0.5	0.8	1.0	1.2	1.3	1.4	1.5	1.6	1.7	2.0	3.0	4.0	5.0	6.0
透射率/%	1															
	2															
	3															
	平均															

2. 液晶时间响应的测量

将模式转换开关置于静态模式，透射率显示调到 100%，然后将液晶供电电压调到 2V，在液晶静态闪烁状态下，用存储示波器观察此光开关时间响应特性曲线，可以根据此曲线得到液晶的上升时间 τ_r 和下降时间 τ_d。

3. 液晶光开关视角特性的测量

（1）水平方向视角特性的测量。将模式转换开关置于静态模式，将透射率显示调到

100%，然后再进行实验。

确定当前液晶板为金手指 1 插入的插槽，如图 15-6 所示。在供电电压为 0V 时，按照表 15-2 所列举的角度调节液晶屏与入射激光的角度，在每一角度下测量发光强度透射率最大值 T_{max}。然后将供电电压设置为 2V，再次调节液晶屏角度，测量发光强度透射率最小值 T_{min}，并计算其对比度。以角度为横坐标，对比度为纵坐标，绘制水平方向对比度随入射光入射角而变化的曲线。

（2）垂直方向视角特性的测量。关断总电源后，取下液晶显示屏，将液晶板旋转 90°，将金手指 2（垂直方向）插入转盘插槽，如图 15-6 所示。重新通电，将模式转换开关置于静态模式。按照与（1）相同的方法和步骤，可测量垂直方向的视角特性，并记入表 15-2 中。

表 15-2　液晶光开关视角特性测量

角度/（°）		−75	−70	……	−10	−5	0	5	10	……	70	75
水平方向视角特性	$T_{max}/\%$											
	$T_{min}/\%$											
	T_{max}/T_{min}											
垂直方向视角特性	$T_{max}/\%$											
	$T_{min}/\%$											
	T_{max}/T_{min}											

4. 液晶显示器显示原理

将模式转换开关置于动态（图像显示）模式，液晶供电电压调到 5V 左右。此时矩阵开关板上的每个按键位置对应一个液晶光开关像素。初始时各像素都处于开通状态，按 1 次矩阵开光板上的某一按键，可改变相应液晶像素的通断状态，所以可以利用点阵输入关断（或点亮）对应的像素，使暗像素（或点亮像素）组合成一个字符或文字，以此体会液晶显示器件组成图像和文字的工作原理。矩阵开关板右上角的按键为清屏键，用以清除已输入在显示屏上的图形。

实验完成后，关闭电源开关，取下液晶板妥善保存。

💡 实验注意事项

（1）禁止用光束照射他人眼睛或直视光束，以防伤害眼睛。

（2）在进行液晶视角特性实验中，更换液晶板方向时，务必断开总电源后再进行插取，否则将会损坏液晶板。

（3）液晶板凸起面必须要朝向光源发射方向，否则实验记录的数据为错误数据。

（4）在调节透射率 100% 时，如果透射率显示不稳定，则可能是光源预热时间不够，或光路没有对准，需要仔细检查，调节好光路。

（5）在校准透射率 100% 前，必须将液晶供电电压显示调到 0 V 或显示大于 250 V，否则无法校准透射率为 100%。在实验中，电压为 0 V 时，不要长时间按住"透射率校准"按钮，否则透射率显示将进入非工作状态，致使本组测试的数据为错误数据，需要重新进行本组实验数据记录。

思考题

（1）具体叙述饱和电压与阈值电压的物理意义及作用。

（2）液晶屏视角特性测量有何意义？

（3）查找相关资料，了解液晶特征及分类，以及其他材料作为显示器件的应用情况和各自的优缺点。

参考文献

[1] 王庆凯，吴杏华，王殿元，等. 扭曲向列相液晶电光效应的研究 [J]. 物理实验，2007（12）：37-39.

[2] 郝爽，王旗. 液晶盒的制备、液晶电光效应实验仪制作及性能测试 [J]. 大学物理实验，2020（3）：86-93.

实验十六　CCD 综合特性测定实验

✿ 背景介绍

　　CCD 全称为电荷耦合器件，是 20 世纪 70 年代发展起来的新型半导体器件。它是在 MOS 集成电路技术基础上发展起来的，为半导体技术应用开拓了新的领域。CCD 具有光电转换、信息存储和传输等功能，CCD 图像传感器能实现图像信息的获取、转换和视觉功能的扩展，能给出直观、真实、多层次的内容丰富的可视图像信息。CCD 具有集成度高、分辨率高、灵敏度高、功耗小、寿命长、性能稳定、便于与计算机结合等优点，被广泛应用于人民生活、军事、天文、医疗、工业检测和自动控制等各个领域。学习和掌握一些 CCD 的基本结构、工作原理，通过实验对 CCD 的基本特性进行测量，为进一步应用 CCD 打下基础，是十分必要的。

▤ 实验目的

　　（1）学习掌握 CCD 的基本工作原理，CCD 正常工作所需的外部条件及这些条件的改变对 CCD 输出的影响。

　　（2）测量曝光时间、驱动周期、照明情况对输出的影响，并根据实验原理对输出进行说明。

　　（3）测量 CCD 的光电转换特性曲线，根据曲线得到 CCD 的灵敏度、饱和输出电压及饱和曝光量。

　　（4）测量并计算 CCD 的暗信号电压、暗噪声、动态范围、像敏单元不均匀度等参数。

　　（5）比较 CCD 输出信号经 AD 转换或二值化处理后输出信号的差异，了解各自的应用领域。

❀ 实验原理

　　一个完整的 CCD 器件由光敏单元、转移栅、移位寄存器及一些辅助输入、输出电路组成。图 16-1 为某型号 CCD 的结构示意图。CCD 工作时，在设定的积分时间内由光敏单元对光信号进行取样，将光的强弱转换为各光敏单元的电荷多少。取样结束后各光敏元电荷由转移栅转移到移位寄存器的相应单元中。移位寄存器在驱动时钟的作用下，将信号电荷顺次转移到输出端，再将输出信号接到计算机、示波器、图像显示器或其他信号存储处理设备中，就可对信号再现或进行存储处理。由于 CCD 光敏元可做得很小（约 $10\,\mu m$），所以它的图像分辨率很高。

1. CCD 的 MOS 结构及存储电荷原理

　　CCD 的基本单元是 MOS 电容器，这种电容器能存储电荷。以 P 型硅 MOS 电容器为例，其结构剖面图如图 16-2 所示。在 P 型硅衬底上通过氧化在表面形成 SiO_2 层，然后在 SiO_2 上淀积一层金属为栅极，P 型硅里的多数载流子是带正电荷的空穴，少数载流子是带负电荷的电子，当金属电极上施加正电压时，其电场能够透过 SiO_2 绝缘层对这些载流子进

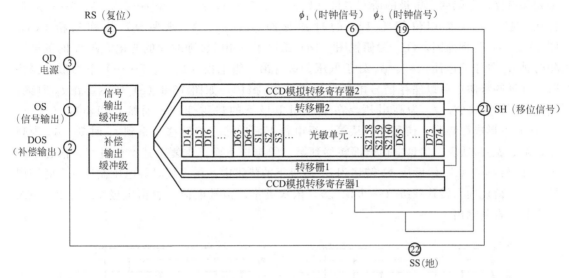

图 16-1　CCD 结构示意图

行排斥或吸引。于是带正电的空穴被排斥到远离电极处，形成耗尽区，带负电的少数载流子在紧靠 SiO_2 层形成负电荷层（电荷包），这种现象便形成对电子而言的陷阱，电子一旦进入就不能出来，故又称为电子势阱。势阱深度与电压成正比。

当 MOS 电容器受到光照时（光可从各电极的缝隙间经过 SiO_2 层射入，或经衬底的薄 P 型硅射入），光子的能量被半导体吸收，产生电子-空穴对，这时出现的电子被吸引存储在势阱中，光越强，势阱中收集的电子越多，光弱则反之。这样就把光的强弱变成电荷的数量，形成了光电转换，实现了对光照的记忆。

早期的 CCD 器件用 MOS 电容器实现光电转换，现在的 CCD 器件为了改善性能，用光电二极管取代 MOS 电容器作光敏单元，实现光电转换，而移位寄存器（实现电荷转移）为 MOS 电容器。

2. 电荷的转移与传输

CCD 的移位寄存器是一列排列紧密的 MOS 电容器，它的表面由不透光的铝层覆盖，以实现光屏蔽。由上面讨论可知，MOS 电容器上的电压愈高，产生的势阱愈深；当外加电压一定，势阱深度随阱中的电荷量增加而线性减小。利用这一特性，通过控制相邻 MOS 电容器栅极电压高低来调节势阱深浅。制造时将 MOS 电容紧密排列，使相邻的 MOS 电容势阱相互"沟通"。当相邻 MOS 电容两电极之间的间隙足够小（目前工艺可做到 $0.2\,\mu m$），在信号电荷自感生电场的库仑力推动下，就可使信号电荷由浅处流向深处，实现信号电荷转移。

为了保证信号电荷按确定路线转移，通常 MOS 电容阵列栅极上所加电压脉冲为严格满足相位要求的二相、三相或四相系统的时钟脉冲。下面分别介绍三相和二相 CCD 结构及其工作原理。

（1）三相 CCD 传输原理

简单的三相 CCD 结构如图 16-3 所示。对应每一个光敏单元为一个像元，每一像元有三个相邻电极，每隔两个电极的所有电极（如1、4、7……，2、5、8……，3、6、9……）都接在一起，由 3 个相位相差 120° 的时钟脉冲 ϕ_1、ϕ_2、ϕ_3 来驱动，故称三相 CCD。图 16-3（a）为剖面图，（b）为俯视图，（d）给出了三相时钟随时间的变化。在 t_1 时刻第一相时钟 ϕ_1 处于高电压，ϕ_2、ϕ_3 处于低压。这时第一组电极（1、4、7……）下面形成深势阱，在这些势阱中可以储存信号电荷，形成"电荷包"，如图 16-3（c）所示。在 t_2 时刻，ϕ_1 电压线性减少，ϕ_2 为高电压，在第一组电极下的势阱变浅，而第二组电极（2、5、8……）下形成深势阱，信息电荷从第一组电极下面向第二组转移，直到 t_3 时刻，ϕ_2 为高压，ϕ_1、ϕ_3 为低压，信息电荷全部转移到第二组电极下面。重复上述类似过程，信息电荷可从 ϕ_2 转移到 ϕ_3，然后从 ϕ_3 转移到 ϕ_1 电极下的势阱中，当三相时钟电压循环一个时钟周期时，电荷包向右转移一级（一个像元），依次类推，信号电荷一直由电极 1、2、3、…N 向右移，直到输出。

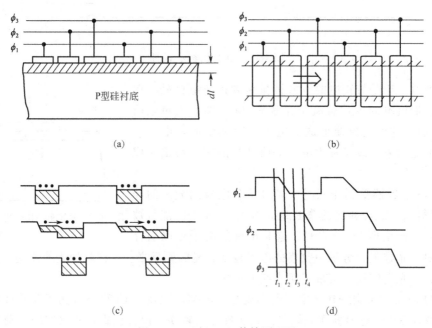

图 16-3　三相 CCD 传输原理图

（2）二相 CCD 传输原理

CCD 中的电荷定向转移是靠势阱的非对称性实现的。在三相 CCD 中是靠时钟脉冲的时序控制，来形成非对称势阱，但采用不对称的电极结构也可以引进不对称势阱，从而变成二相驱动的 CCD，目前使用的 CCD 中多采用二相结构。实现二相驱动的方案有：

① 阶梯氧化层电极。阶梯氧化层电极结构参见图 16-4。由图可见，此结构中将一个电极分成两部分，其左边部分电极下的氧化层比右边的厚，则在同一电压下，左边电极下的势阱浅，自动起到了阻挡信号倒流的作用。

② 设置势垒注入区（图 16-5）。对于给定的栅压，位阱深度是掺杂浓度的函数，掺杂浓度高，则位阱浅。采用离子注入技术使转移电极前沿下衬底浓度高于别处，则该处位阱就较浅，任何电荷包都将只向位阱的后沿方向移动。

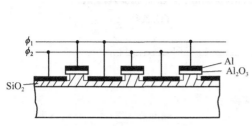

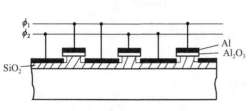

图 16-4　采用阶梯氧化层电极形成的二相结构　　　图 16-5　采用势垒注入区形成二相结构

由图 16-5（b）可见，驱动脉冲 ϕ_1、ϕ_2 反向，当 ϕ_1 为低电位时，它们在移位寄存器中形成势阱，如图 16-5（a）所示。当 ϕ_1 由低电位变为高电位，ϕ_2 由高电位变为低电位时，相当于势阱曲线右移一个单元，信号电荷也向右转移一位。

3. 电荷读出方法

CCD 的信号电荷读出原理可用图 16-6、图 16-7 说明。

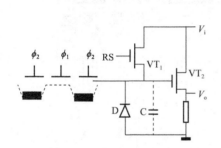

图 16-6　电荷读出原理图

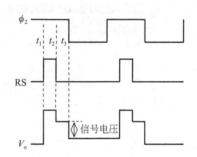

图 16-7　驱动脉冲、复位脉冲、输出信号波形图

图 16-6 中，VT_1、VT_2 为场效应管，它的源极、漏极之间的电流受栅极电压控制。以二相驱动为例，驱动脉冲、复位脉冲、输出信号波形之间的关系如图 16-7 所示。在 t_1 时刻，加在场效应管 VT_1 栅极上的复位脉冲 RS 为高电平，VT_1 导通，结电容 C 被充电到一个固定的直流电平，源极跟随器 VT_2 的输出电平 V_o 被复位到略低于输入电压 V_i 的复位电平上。在 t_2 时刻，复位脉冲为低电平，VT_1 截止，仅有很小的漏电流，使输出电平有一个下跳。在 t_3 时刻，ϕ_2 脉冲变为低电平，信号电荷进入 VT_2 管栅极，这些电荷（电子，带负电）使 VT_2 管的栅极电位下降，输出电平也随之下降，电荷越多，输出电平下降越多，其下降幅度代表信号电压。将信号电压取样，就得到与光敏单元曝光量成正比的输出电压。

🐵 实验仪器

仪器由线阵 CCD、CCD 驱动电路、CCD 信号处理电路、接口电路、专用软件、照度计、减光镜、柔光镜、灰度板等组成。CCD、CCD 驱动电路、CCD 信号处理电路、接口电路装在主机里，仪器面板如图 16-8 所示。

仪器具有强大的软硬件功能，通过计算机设置工作参数，并显示 CCD 输出情况。选择实验 1 后，计算机界面如图 16-9 所示。

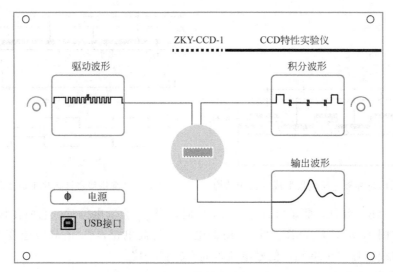

图 16-8　CCD 特性实验仪面板

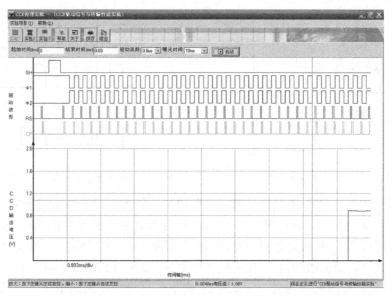

图 16-9　CCD 的操作界面

由菜单栏可输入起始时间、结束时间，选择驱动周期、曝光时间，确定显示信号的时间范围和 CCD 的工作参数。屏幕上半部显示 CCD 工作时的各路驱动信号波形，下半部显示 CCD 输出电压值。按启动按钮后仪器开始采样并显示实时图形，按停止按钮后显示屏上保持最后采集到的图形。停止后用鼠标对准显示屏上一点，屏幕下方将会显示鼠标纵线对应的时间值和鼠标横线对应的输出电压值，用鼠标拖动还可放大或缩小图形，便于做进一步的研究。其他界面和使用方法在实验内容与步骤中予以讲解。

CCD 特性实验仪配件包含如下几种：

照度计：照度计的作用是实验时测量照射 CCD 的发光强度。测量的照度值有的只作为参考，有的则需代入进行计算（如计算 CCD 的饱和曝光量）。

减光镜：由两片偏振片组成，旋转调节两偏振片的透光轴夹角，可调节透过减光镜的发光强度。使用时，先将减光镜置于照度计通光窗口上，依据照度计显示的照度值调节好减光镜，再将减光镜放置于 CCD 窗口上使用（必须完全把 CCD 窗口覆盖）。

柔光镜：其作用是将外界不均匀的光改变为均匀光，在实验中必须配在减光镜上同时使用。

灰度板：在同一外界照度条件下，可表现出 CCD 每个像元感应并输出电压同该像元对应光照强度之间的变化。

实验内容与实验步骤

1. CCD 驱动信号与传输性能的实验

CCD 要在若干时序严格配合的外界脉冲驱动下才能正常工作。进入程序后选择实验 1，并选择结束时间，显示屏上将显示各路脉冲的波形图。SH 信号加在转移栅上，当 SH 为高电平时，正值 ϕ_1 为高电平。移位寄存器中的所有 ϕ_1 电极下均形成深势阱，同时 SH 的高电平使光敏单元与各像元 ϕ_1 电极下的深势阱沟通，光敏单元向 ϕ_1 注入信号电荷。SH 为低电平时，光敏单元与移位寄存器的连接中断，此时光敏单元在外界光照作用下产生与光照对应的电荷，而移位寄存器中的信号电荷在时钟脉冲作用下向输出端转移，由输出端输出。ϕ_1、ϕ_2 及 RS 脉冲的时序与作用在实验原理中已有叙述，CP 为像元同步脉冲。由于工艺上的原因，本实验仪所用 CCD 在靠近输出端设有 32 个虚设单元（哑元），然后是 2048 个有效光敏单元，最后又是 8 个虚设单元，共 2088 个单元。必须经过 2088 个驱动周期后才能把一幅完整的信号传送出去。适当地改变设置，可以显示若干有效光敏单元的输出情况。当设置的显示时间大于 2088 乘以驱动周期时，可显示若干积分周期内每周期采样后光敏单元的总体输出情况。按表 16-1 设置实验条件和灰度板位置，记录输出波形，并根据实验原理对输出波形进行说明。在填写好表 16-1 内容后，也可自行设置参数，观测参数设置对输出的影响，加深对实验原理的理解。

表 16-1　曝光时间、驱动周期、照明情况对输出的影响（起始时间 0，光照度约 1lx）

结束时间 /ms	曝光时间 /ms	驱动周期 /s	灰度板位置	CCD 输出电压图形	对输出的说明
2	2	0.8			
4	2	0.8			
4	2	0.8			
4	4	0.8			
4	4	1.6			

结束时间 /ms	曝光时间 /ms	驱动周期 /s	灰度板位置	CCD输出电压图形	对输出的说明
4	4	3.2			
8	8	3.2			

注：表中的初始照度和曝光时间需根据每个 CCD 的自身特性参数进行设置，表中设置参数只为示例。

2. CCD 特性参数的测量

影响 CCD 性能的基本参量有：像敏单元数、像元尺寸、响应度、饱和曝光量、饱和输出电压、暗信号电压、动态范围、像敏单元不均匀度、驱动频率、传输效率、光谱响应范围、功率损耗等。这些参量，有的完全由 CCD 的材料及制造工艺确定，如像元数、像元尺寸、光谱响应范围等。有的与使用条件、外围电路与信号处理电路的参数、光学系统的优劣有关系，可用实验的方法测量。

在实验项目中选择实验 2，屏幕上将显示输出电压，不再显示驱动信号。

（1）CCD 的光电转换特性：光电转换特性是 CCD 最基本的特性。实验中，改变 CCD 的曝光量（照度与曝光时间的乘积），测量相应的输出电压，以曝光量为横轴，输出电压为纵轴，就可作出 CCD 的光电转换特性曲线（图 16-10）。

特性曲线线性段的斜率，即为 CCD 的响应度或灵敏度，它表征曝光量改变时输出电压的改变程度。

特性曲线的拐点对应的输出电压 V_S 为饱和输出电压，即 CCD 输出的最大电压。拐点对应的曝光量称为饱和曝光量，CCD 使用时必须保证最大曝光量低于饱和曝光量，否则会导致信号严重失真。

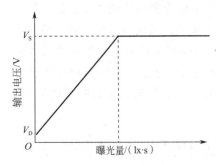

图 16-10　CCD 的光电转换特性曲线

特性曲线的起始点对应的电压 V_D 为暗信号电压，即一定曝光时间下，无光照时的输出电压。一只良好的 CCD 传感器，应具有高的响应度和低的暗信号输出。

按表 16-2 数据设置参数，用减光镜和柔光镜调整照度（通常可设置为 0.2～1.5 lx 之间，如果外界环境光线较暗，可适当增加光照度或增加外界光照强度，其他实验也可以采用类似处理方法），并记录测量到的光照度。在不同曝光时间点击启动按钮，可观察到由于噪声的影响，各单元的输出值在小范围内波动。点击停止按钮后，用鼠标横线对准各输出单元的输出平均值，屏幕下方将会显示横线对应的电压值，将测量到的输出电压数据记录于表 16-2 中。

表 16-2　光电转换特性的测量（起始像素 1000，结束像素 1050，驱动周期 0.8s，照度根据实验情况选择）

曝光时间/s	2	4	6	8	10	12	14	16	18	20
输出电压/V										

用表 16-2 数据作图，并由图计算出 CCD 的灵敏度、饱和输出电压、饱和曝光量。

（2）暗信号电压、暗噪声、动态范围及像敏单元不均匀度：暗信号电压是由暗电流及时钟脉冲通过寄生电容耦合等因素产生。暗电流的存在，限制了 CCD 的曝光（积分）时间。实验中，通过改变 CCD 的曝光时间，可观测暗信号输出幅度的变化以及噪声大小。一般手册上给出的暗信号电压，是在 10 ms 的曝光时间下测量得到。

暗电流与温度密切相关，温度每升高 7℃，暗电流约增加 1 倍，当需要用 CCD 探测微弱信号时，将 CCD 制冷能大大延长积分时间。

暗信号一般是不均匀的，存在着热噪声、转移噪声等各种噪声因素，暗噪声为暗信号电压平均值与最大值之间的差值。

动态范围一般指饱和输出电压与暗信号电压的比值。由于暗信号电压与曝光时间有关，因此曝光时间越短，动态范围越大。动态范围决定了 CCD 在不失真状态下能探测的最强与最弱信号的比值，在光谱测量等应用领域中，为了测量出较弱的谱线，就需选用动态范围大的 CCD。CCD 的各个像元在均匀光照下，有可能输出不相等的信号电压，这是由材料的不均匀性、工艺条件、制造误差等因素导致的。

像敏单元不均匀度是指 CCD 在均匀白光照射下，使其输出电压等于 1/2 饱和输出电压时测量得到，等于 $\Delta U/U$，U 为输出电压的平均值，ΔU 为输出电压平均值与最大值之间的差值。实用的 CCD 不均匀度应在 10% 以下。用不透光材料遮盖 CCD 窗口，在不同的曝光（积分）时间测量暗信号及暗噪声电压，记录于表 16-3 中。用均匀白光照明，用减光镜调整 CCD 的照度，使曝光时间为 10 ms 时的输出电压约为饱和输出电压的一半，测量输出电压的平均值 U 及输出电压平均值与最大值之间的差值 ΔU，记录于表 16-3 中。

表 16-3 暗信号电压及不均匀度的测量（起始像素 500，结束像素 1500，驱动周期 0.8s）

暗信号测量				不均匀度测量	
曝光时间/ms	10	70	500	曝光时间/ms	10
暗信号电压/V				输出电压 U/V	
暗噪声/V				ΔU/V	

用饱和输出电压除以 10 ms 时的暗信号电压，计算 CCD 的动态范围。用表 16-3 中测量的 ΔU 及 U，计算 CCD 的像敏单元不均匀度。

3. CCD 输出信号的处理方式

当用数字设备（如计算机）接收、显示 CCD 采集的模拟信号时，需对信号进行数字化处理。CCD 用于图像采集时，一般是用 AD 转换器将模拟信号转换为数字信号进行传输、处理，在显示时再还原出原来的模拟信号。

在某些不要求图像灰度的应用中，如图纸、文件的输入，物体尺寸、位置的检测等，只需把信号进行二值化处理，这样可提高图像边缘的锐度，还可提高处理速度，降低成本。

在实验项目中选择实验 3。实验中，用灰度板作为采集对象，适当调整 CCD 照度，比较经两种不同方法处理后输出信号的异同，将图像记录于表 16-4 中。用鼠标纵线对准二值化图像边缘，读取对应的 CCD 输出电压值，记录于表 16-4 中。

表 16-4　**AD 转换或二值化处理后输出信号的测量（起始像素 0，结束像素 2047，**
驱动周期 0.8s，光照度约 1lx）

曝光时间 /ms	灰度板位置	CCD 输出电压图形	二值化图像	二值化图像边缘对应的输出电压值/V
2				
4				
4				

注：表中的初始照度和曝光时间需根据每个 CCD 的自身特性参数进行设置，表中设置参数只为示例。

根据表 16-4 记录的图形及输出电压值，说明二值化处理的原理。

💡 注意事项

CCD 实验的光源应为自然光，也可采用直流电源供电的照明光源或电子镇流器（频率高达几千赫兹）的荧光灯。

参考文献

[1] 张梅，何鑫，李柱峰. CCD 特性及其在大学物理实验中的应用 [J]. 科技创新导报，2009（22）：135.
[2] 宋敏，李叶芳，项世法. CCD 输出特性的实验研究 [J]. 大连理工大学学报，1997（S2）：130-130.

实验十七　燃料电池综合特性测定实验

✿ 背景介绍

　　燃料电池是一种将储存在燃料和氧化剂中的化学能直接转化为电能的装置。当源源不断地从外部向燃料电池供给燃料和氧化剂时，它可以连续发电。依据电解质的不同，燃料电池分为碱性燃料电池（AFC）、磷酸型燃料电池（PAFC）、熔融碳酸盐燃料电池（MCFC）、固体氧化物燃料电池（SOFC）及质子交换膜燃料电池（PEMFC）等。燃料电池不受卡诺循环限制、能量转换效率高、洁净、无污染、噪声低、模块结构强、积木性强、比功率高，既可以集中供电，也适合分散供电。

🔲 实验目的

　　（1）了解太阳能电池的工作原理。
　　（2）测量太阳能电池的伏安特性曲线、开路电压、短路电流、最大输出功率、填充因子等特性参数。
　　（3）了解质子交换膜电解池（PEMWE）的工作原理。
　　（4）了解质子交换膜燃料电池（PEMFC）的工作原理。
　　（5）测量燃料电池的伏安特性曲线、开路电压、短路电流、最大输出功率以及转化效率。
　　（6）观察能量转换过程：光能→太阳能电池→电能→电解池→氢能→燃料电池→电能。

🌱 实验原理

1. 光生伏特效应

　　常见的太阳能电池从结构上说是一种浅结深、大面积的 PN 结，如图 17-1 所示，它的工作原理的核心是光生伏特效应。光生伏特效应是半导体材料的一种通性。当光照射到一块非均匀半导体上时，由于内建电场的作用，在半导体材料内部会产生电动势，如果构成适当的回路就会产生电流。这种电流叫作光生电流，这种内建电场引起的光电效应就是光生伏特效应。

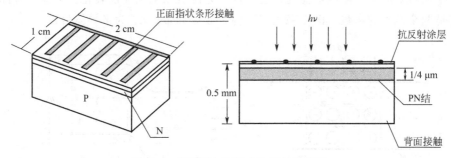

图 17-1　PN 结太阳能电池结构示意图

　　非均匀半导体就是指材料内部杂质分布不均匀的半导体，PN 结是典型的一个例子。N

型半导体材料和 P 型半导体材料接触形成 PN 结。PN 结根据制备方法、杂质在体内分布特征等有不同的分类，制备方法有合金法、扩散法、生长法、离子注入法等，杂质分布可能是线性分布的，也可能是存在突变的。PN 结的杂质分布特征通常是与制备方法相联系的，不同的制备方法导致不同的杂质分布特征。

根据半导体物理学的基本原理，处于热平衡态的一个 PN 结结构由 P 区、N 区和两者交界区域构成。为了维持统一的费米能级，P 区内空穴向 N 区扩散，N 区内空穴向 P 区扩散。这种载流子的运动导致原来的电中性条件被破坏，P 区积累了带有负电的不可动电离受主，N 区积累了不可动电离施主。载流子扩散运动导致 P 区带负电，N 区带正电，在界面附近区域形成由 N 区指向 P 区的内建电场和相应的空间电荷区。显然，两者费米能级的不统一是导致电子空穴扩散的原因，电子空穴扩散又导致出现空间电荷区和内建电场。而内建电场的强度取决于空间电荷区的电场强度，内建电场具有阻止扩散运动进一步发生的作用。当两者具有统一费米能级后扩散运动和内建电场的作用相等，P 区和 N 区两端产生一个高度为 qV_D 的势垒。理想 PN 结模型下，处于热平衡的 PN 结空间电荷区没有载流子，也没有载流子的产生与复合作用。

如图 17-1 所示，当有入射光垂直入射到 PN 结，只要 PN 结结深比较浅，入射光子会透过 PN 结区域甚至能深入半导体内部。如果光子能量满足关系 $h\nu \geqslant E_g$（E_g 为半导体材料的禁带宽度），那么这些光子会被材料本征吸收，在 PN 结中产生电子孔穴对。光照条件下材料体内产生电子空穴对是典型的非平衡载流子光注入作用。光生载流子对 P 区空穴和 N 区电子这样的多数载流子的浓度影响是很小的，可以忽略不计。但是对少数载流子将产生显著影响，如 P 区电子和 N 区空穴。均匀半导体在光照射下也会产生电子空穴对，它们很快又会通过各种复合机制复合。在 PN 结中情况有所不同，主要原因是存在内建电场。在内建电场的驱动下，P 区光生少子电子向 N 区运动，N 区光生少子空穴向 P 区运动。这种作用有两方面的体现：第一是光生少子在内建电场驱动下定向运动产生电流，这就是光生电流，它由电子电流和空穴电流组成，方向都是由 N 区指向 P 区，与内建电场方向一致；第二，光生少子的定向运动与扩散运动方向相反，减弱了扩散运动的强度，PN 结势垒高度降低，甚至会完全消失。宏观的效果是在 PN 结两端产生电动势，也就是光生电动势。

上述的分析发现，光照射 PN 结会使得 PN 结势垒高度降低甚至消失，这个作用完全等价于在 PN 结两端施加正向电压。这种情况下的 PN 结就是一个光电池。开路下 PN 结两端的电压叫作开路电压（V_{oc}），闭路下这种 PN 结等价于一个电源，对应的电流 I_{sc} 称为闭路电流。光生伏特效应是太阳能电池的核心原理，它的机制就是光能转化为电能，开路电压和闭路电流是两个基本的参数。图 17-2 中 E_c 为半导体导带，E_v 为半导体价带。

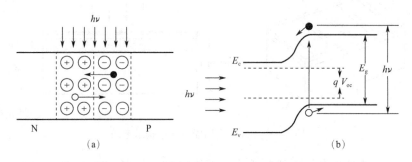

图 17-2 光辐照下的 PN 结

2. 太阳能电池光照情况下的电流电压关系（光特性）

光生少子在内建电场驱动下定向的运动，在 PN 结内部产生了 N 区指向 P 区的光生电流 I_L，光生电动势等价于加载在 PN 结上的正向电压 V，它使得 PN 结势垒高度降低（$qV_D - qV$）。开路情况下，光生电流与正向电流相等时，PN 结处于稳态，两端具有稳定的电势差 V_{oc}，这就是太阳能电池的开路电压 V_{oc}。如图 17-3 所示，在闭路情况下，光照作用下会有电流流过 PN 结，显然 PN 结相当于一个电源。

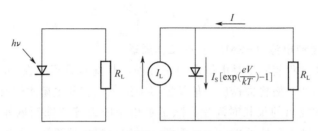

图 17-3　太阳能电池等效电路

光电流 I_L 在负载上产生电压降，这个电压降可以使 PN 结正偏。如图 17-3 所示，正偏电压产生正偏电流 I_F。在反偏情况下，PN 结电流为：

$$I = I_L - I_F = I_L - I_S \exp\left(\frac{eV}{k_0 T} - 1\right) \tag{17-1}$$

随着二极管正偏，空间电荷区的电场变弱，但是不可能变为零或者反偏。光电流总是反向电流，因此太阳能电池的电流总是反向的。

根据图 17-3 的等效电路图，有两种极端情况是在太阳能电池光特性分析中必须考虑的。其一是负载电阻 $R_L = 0$，这种情况下加载在负载电阻上的电压也为零，PN 结处于短路状态，此时光电池输出电流称为短路电流或者闭路电流 I_{sc}，有

$$I = I_{sc} = I_L \tag{17-2}$$

其二是负载电阻 $R_L \rightarrow \infty$，外电路处于开路状态。流过负载电阻的电流为零，根据等效电路图 17-3，光电流正好被正向结电流抵消，光电池两端电压 V_{oc} 就是所谓的开路电压。显然有

$$I = 0 = I_L - I_S \exp\left(\frac{eV}{k_0 T} - 1\right) \tag{17-3}$$

得到开路电路电压 V_{oc} 为

$$V_{oc} = \frac{k_0 T}{e} \ln\left(1 + \frac{I_L}{I_S}\right) \tag{17-4}$$

开路电压 V_{oc} 和闭路电路 I_{sc} 是光电池的两个重要参数。这两个参数通过确定一定光照下太阳能电池伏安特性曲线与电流轴、电压轴的截距可以得到。不难理解，随着光照强度增大，太阳能电池的闭路电流和开路电压都会增大。但是随发光强度变化的规律不同，闭路电路 I_{sc} 正比于入射光发光强度，开路电压 V_{oc} 随着入射光发光强度对数式增大，从半导体物理基本理论不难得到这个结论。此外，从太阳能电池的工作原理考虑，开路电压 V_{oc} 不会随着入射光发光强度增大而无限增大，它的最大值是使得 PN 结势垒为零时的电压值。换句话说，太阳能电池的最大光生电压为 PN 结的势垒高度 V_D，这是一个与材料带隙、掺杂水平等有关的值。实际情况下，最大开路电压值与材料的带隙宽度相当。

3. 太阳能电池的效率

太阳能电池从本质上说是一个能量转化器件，它把光能转化为电能，因此讨论太阳能电池的效率是必要和重要的。根据热力学原理，任何能量转化过程都存在效率问题，实际发生的能量转化过程效率不可能是 100%。就太阳能电池而言，需要知道转化效率和哪些因素有关，如何提高太阳能电池的效率，最终期望太阳能电池具有足够高的效率。太阳能电池的转换效率是指输出电能 P_m 和入射光能 P_{in} 的比值：

$$\eta = \frac{P_m}{P_{in}} = \frac{I_m V_m}{P_{in}} \tag{17-5}$$

4. 质子交换膜燃料电池（PEMFC）的工作原理

燃料电池的工作过程实际上是电解水的逆过程，其基本原理早在 1839 年由英国律师兼物理学家威廉·罗伯特·格鲁夫提出，他是世界上第一位实现电解水逆反应并产生电流的科学家。燃料电池从被提出的很长时间里，除了被用于航天等特殊领域外，极少受到人们关注。最近十几年来，随着环境保护、节约能源、保护有限自然资源的意识的加强，燃料电池才开始得到重视和发展。

质子交换膜燃料电池（PEMFC）技术是目前世界上最成熟的一种能将氢气与空气中的氧气化合成洁净水并释放出电能的技术，其工作原理如图 17-4 所示：

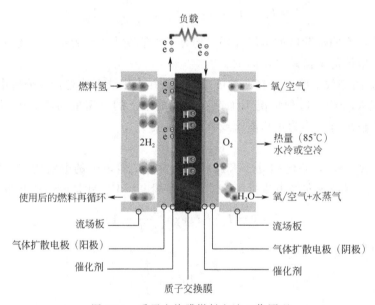

图 17-4 质子交换膜燃料电池工作原理

（1）氢气通过管道到达阳极，在阳极催化剂作用下，氢分子解离为带正电的氢离子（即质子）并释放出带负电的电子。

$$H_2 \Longrightarrow 2H^+ + 2e^- \tag{17-6}$$

（2）氢离子穿过质子交换膜到达阴极，电子则通过外电路到达阴极。电子在外电路形成电流，通过适当连接可向负载输出电能。

（3）在电池另一端，氧气通过管道到达阴极；在阴极催化剂作用下，氧与氢离子及电子发生反应生成水。

$$O_2 + 4H^+ + 4e^- \Longrightarrow 2H_2O \tag{17-7}$$

总的反应方程式：

$$2H_2 + O_2 =\!=\!= 2H_2O \qquad (17\text{-}8)$$

燃料电池有多种，各种燃料电池之间的区别在于使用的电解质不同。质子交换膜燃料电池以质子交换膜为电解质，其特点是工作温度低（70～80℃），启动速度快，特别适于用作动力电池。电池内化学反应温度一般不超过80℃，故称为"冷燃烧"。

质子交换膜燃料电池的核心是一种三合一热压组合体，包括一块质子交换膜和两块涂覆了贵金属催化剂铂（Pt）的碳纤维纸。由上述原理可知，在质子交换膜燃料电池中，阳极和阴极之间有一极薄的质子交换膜，H^+从阳极通过这层膜到达阴极，并且在阴极与O_2结合生成水分子H_2O。当质子交换膜的湿润状况良好时，由于电池的内阻低，燃料电池的输出电压高，负载能力强。反之，当质子交换膜的湿润状况不佳时，电池的内阻变大，燃料电池的输出电压下降，负载能力降低。在大的负荷下，燃料电池内部的电流密度增加，电化学反应加强，燃料电池阴极侧水的生成也相应增多。此时，如不及时排水，阴极将会被淹，正常的电化学反应被破坏，致使燃料电池失效。由此可见，保持电池内部适当湿度，并及时排出阴极侧多余的水，是确保质子交换膜电池稳定运行及延长工作寿命的重要手段。因此，解决好质子交换膜燃料电池内的湿度调节及电池阴极侧的排水控制，是研究大功率、高性能质子交换膜燃料电池系统的重要课题。燃料电池性能关键是膜电极的制作和电池水/热平衡控制技术。前者决定着电池的性能，后者则关系到电池能否稳定运行。

5. 质子交换膜电解池（PEMWE）

同燃料电池一样，水电解装置因电解质的不同而各异，碱性溶液和质子交换膜是最常见的电解质，图17-5为质子交换膜电解池工作原理图。

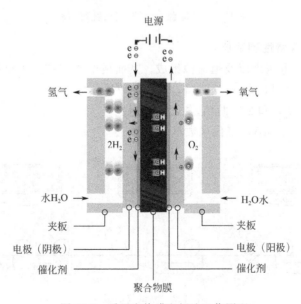

图17-5　质子交换膜电解池工作原理

质子交换膜电解池的核心是一块涂覆了贵金属催化剂铂（Pt）的质子交换膜和两块钛网电极。电解池将水电解产生氢气和氧气，与燃料电池中氢气和氧气反应生成水互为逆过程，其具体工作原理如下：

（1）外加电源向电解池阳极施加直流电压，水在阳极发生电解，生成氢离子、电子和氧，氧从水分子中分离出来生成氧气，从氧气通道溢出。

$$2H_2O \overline{} O_2\uparrow + 4H^+ + 4e^- \tag{17-9}$$

（2）电子通过外电路从电解池阳极流动到电解池阴极，氢离子透过聚合物膜从电解池阳极转移到电解池阴极，在阴极还原成氢分子，从氢气通道中溢出，完成整个电解过程。

$$2H^+ + 2e^- \overline{} H_2\uparrow \tag{17-10}$$

总的反应方程式：

$$2H_2O \overline{} 2H_2\uparrow + O_2\uparrow \tag{17-11}$$

🐌 实验仪器

新能源电池综合特性测试仪由测试仪、太阳能电池测试架、燃料电池测试架、负载电阻以及专用连接线等组成，见图 17-6。

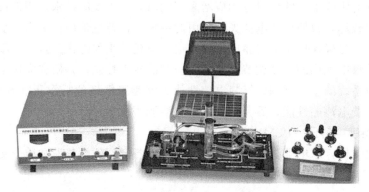

图 17-6　新能源电池综合特性测试仪

1. 新能源电池综合特性测试仪

测试仪由电流表、电压表以及恒流源组成，其面板见图 17-7，主要技术参数如下：

（1）电流表：有 2 A 和 200 mA 两挡，三位半数显。

（2）电压表：有 20 V 和 2 V 两挡，三位半数显。

（3）恒流源：0～500 mA，三位半数显。

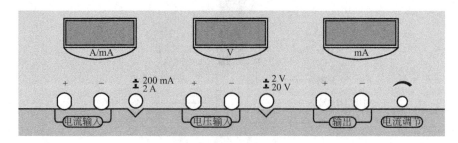

图 17-7　测试仪面板

2. 太阳能电池测试架（图 17-8）

主要技术参数如下：

（1）太阳能电池参数：18 V/5 W，短路电流 0.3 A。

（2）卤钨灯光源功率 300 W，位置上下可调，也可改变发光强度。

图 17-8　太阳能电池测试架

3. 燃料电池测试架（图 17-9）

主要技术参数如下：

（1）燃料电池功率：$50\sim100$ mW。

（2）燃料电池输出电压：$500\sim1000$ mV。

（3）电解池工作状态：电压<7.5 V，电流<500 mA。

（4）电机风扇负载：最大功率 100 mW。

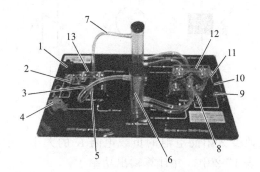

图 17-9　燃料电池测试架

1，4—短接插；2—风扇；3—排气口胶塞；5—燃料电池正极；6—储水储气罐；7—连接管；8—电解池正极；
9—电解池电源输入正极；10—电解池电源输入负极；11—熔丝座；12—电解池；13—燃料电池

4. 电阻负载

使用电阻箱（图 17-10）作为电阻负载，其相关技术参数见表 17-1。

图 17-10　ZX21S 电阻箱

步进盘/Ω	0.1	1	10	100	1000
精度	2%	0.5%	5%	5%	5%
额定电流/A	1.5	0.5	0.5	0.15	0.03

表 17-1　电阻箱技术参数

注：不要超过电阻箱的额定工作电流，以免烧坏电阻元件。

实验内容

（1）太阳能电池的特性测量。

（2）质子交换膜电解池的特性测量。

（3）观察能量转换过程。

实验步骤

1. 太阳能电池的特性测量

（1）在一定的光照条件下，按图 17-11 进行太阳能电池伏安特性测量。

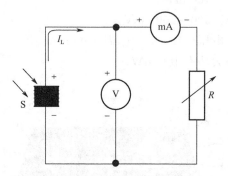

图 17-11　太阳能电池伏安特性测试电路

保持光照条件不变，改变太阳能电池的负载电阻 R 的大小，记录太阳能电池的输出电压 U 和输出电流 I，填入表 17-2 中，并计算输出功率 P。

表 17-2　太阳能电池的输出电压 U 和输出电流 I 随负载电阻 R 的变化

电压 U/V						
电流 I/mA						
$P=UI$/mW						

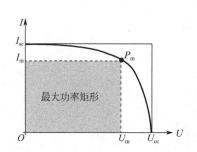

图 17-12　太阳能电池伏安特性曲线

图 17-12 为太阳能电池伏安特性曲线，U_{oc} 为开路电压，I_{sc} 为短路电流，图中阴影面积为太阳能电池的最大输出功率矩形 P_m，P_m 对应的最大工作电压为 U_m，最大工作电流为 I_m。

（2）太阳能电池的填充因子 FF 为：

$$FF = \frac{P_m}{U_{oc}I_{sc}} = \frac{U_m I_m}{U_{oc}I_{sc}} \tag{17-12}$$

填充因子是评价太阳能电池输出特性好坏的一个重要参数，它的值越高，表明太阳能电池输出特性越趋近于矩形，电池的光电转换效率就越高。根据表 17-2 数据，绘制太阳能电池的伏安特性曲线。求出该太阳能电池的开路电压 U_{oc}、短路电流 I_{sc}、最大输出功率 P_m、最大工作电压 U_m、最大工作电流 I_m，最后求出该太阳能电池的填充因子 FF。

2. 质子交换膜电解池的特性测量

水的理论分解电压为 $U_0 = 1.23$ V，如果不考虑电解器的能量损失，在电解器上加 1.23 V 电压就可使水分解为氢气和氧气。实际上由于各种损失，输入电压 $U_{in} = (1.5\sim 2)U_0$ 时电解器才能开始工作。电解器的效率为：

$$\eta = \frac{1.23}{U_{in}} \tag{17-13}$$

根据法拉第电解定律，电解生成物的量与输入电量成正比。在标准状态下（压强为 1.01×10^5 Pa，温度为 0℃），设电解电流为 I，经过时间 t 产生的氢气和氧气体积的理论值为：

$$V_{H_2} = \frac{It}{2F} V_m \tag{17-14}$$

$$V_{O_2} = \frac{1}{2} \times \frac{It}{2F} V_m \tag{17-15}$$

式中，F 为法拉第常数，$F = eN_A = 9.648 \times 10^4$ C/mol（元电荷 $e = 1.602 \times 10^{-19}$ C；阿伏伽德罗常数 $N_A = 6.022 \times 10^{23}$ mol^{-1}）；V_m 为标准状态下气体的摩尔体积，为 22.4 L/mol。

由于 1 mol 水为 18 g，通过密度可知其体积为 18 mL，故电解池消耗的水的体积为：

$$V_{H_2O} = \frac{1}{2} \times \frac{It}{2F} \times 18 \text{ mL} = 9.328\, It \times 10^{-8} \text{ L} \tag{17-16}$$

根据理想气体状态方程，对式（17-14）及式（17-15）进行修正得：

$$V_{H_2} = \frac{It}{2F} \times \frac{273 + T}{273} \times \frac{p_0}{p} V_m \tag{17-17}$$

$$V_{O_2} = \frac{1}{2} \times \frac{It}{2F} \times \frac{273 + T}{273} \times \frac{p_0}{p} V_m \tag{17-18}$$

式中，T 为实验室摄氏温度；p 为所在地区大气压强；p_0 为标准大气压。

由于电解池的内阻随着温度的上升会有所变化，刚通电时，电解池内阻较大，随着电流的增加，电解池开始工作，内阻随之减小，最后慢慢达到稳定值。由于本实验仪采用恒流电源给电解池提供电能，为了保证电解池上最终压降小于 7.5V，在给电解池供电时，必须先把电流调节电位器调到最小，用电压表监测电解池上的压降，然后缓慢增加电解电流，使电解池工作稳定，稳定后电解电流和电解池上的压降将维持不变。

3. 燃料电池的特性测量

（1）在一定的温度与气体压力下，改变负载电阻的大小，测量燃料电池的输出电压与输出电流之间的关系，即 PEMFC 的静态特性，如图 17-13 所示。

该特性曲线分为三个区域：活化极化区（又称电化学极化区）、欧姆极化区和浓差极化

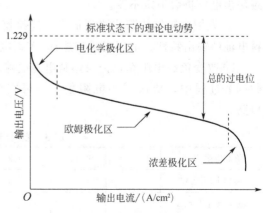

图 17-13　燃料电池静态特性曲线

区，燃料电池正常工作是在欧姆极化区。空载时，燃料电池输出电压为其平衡电位，在实际工作工程中，由于有电流流过，电极的电位会偏离平衡电位，实际电位与平衡电位的差称作过电位，燃料电池的过电位主要包括：活化过电位、欧姆过电位、浓差过电位。

这样，PEMFC 的输出电压可以表示为：

$$V = V_r - V_{act} - V_{ohm} - V_{com} \tag{17-19}$$

式中，V 为燃料电池输出电压；V_r 为燃料电池理论电动势；V_{act}，V_{ohm}，V_{com} 分别为活化过电位、欧姆过电位、浓差过电位。

① 理论电动势。理论电动势是指标准状态下燃料电池的可逆电动势，与外接负载无关，其公认值为 1.229 V。

② 活化过电位。活化过电位主要由电极表面的反应速率过小所致。在驱动电子传输到或传输出电极的化学反应时，产生的部分电压会被损耗掉。活化过电位分为阴极活化过电位和阳极活化过电位。

③ 欧姆过电位。这种过电位是克服电子通过电极材料以及各种连接部件，离子通过电解质的阻力引起的。

④ 浓差过电位。浓差过电位主要是由电极表面反应物的压强发生变化所致，而电极表面压强的变化主要是由电流的变化引起的。输出电流过大时，燃料供应不足，电极表面的反应物浓度下降，使输出电压迅速降低，而输出电流基本不再增加。

（2）考虑内部电流的影响。尽管质子交换膜具有导通质子的特性，但是同时也具有微弱的导通电子的特性，这就等效于半导体中少数载流子导电的特性。从化学反应的角度来解释就是，少量燃料通过电解质直接从阳极扩散到阴极直接与氧气反应，从而不向外部提供电流。因此，即使当燃料电池空载时，其内部也存在微弱的电流，虽然在能量损失上可以忽略，但是在低温燃料电池中，当燃料电池开路时，它会导致非常大的电压压降。

（3）测量燃料电池的输出特性。

① 把测试仪的恒流输出连接到电解池供电输入端，断开燃料电池输出和风扇的连接（拔开短接插），把电流调节电位器打到最小，打开燃料电池下部的排气口胶塞。

② 开启电源，缓慢调节电流调节电位器，使恒流输出大概在 150 mA，预热 10 min。

③ 把电解池电解电流调到 420 mA，使电解池快速产生氢气和氧气，排出储水储气管的空气，等待 10 min，确保电池中燃料的浓度达到平衡值，此时用电压表测量燃料电池的开路输出电压将会恒定不变。

④ 先把电阻箱的阻值调到最大，连接燃料电池、电压表、电流表以及电阻箱，测量燃料电池的输出特性。电压表量程选择 2V，电流表量程选择 200 mA。

⑤ 改变负载电阻箱，记录燃料电池的输出电压和输出电流，记入表 17-3 中，注意在负载调节过程中，依次减小电阻值，不可突变；当电阻较小时，每 0.1Ω 测量一次，避免短路。

表 17-3 燃料电池的输出特性数据

负载电阻 R/Ω	∞	9999.9	7999.9	5999.9	3999.9	1999.9	999.9	899.9
输出电压 U/V								
输出电流 I/mA								
输出功率 P/mW								

负载电阻 R/Ω	799.9	699.9	599.9	499.9	399.9	299.9	199.9	99.9
输出电压 U/V								
输出电流 I/mA								
输出功率 P/mW								
负载电阻 R/Ω	89.9	79.9	69.9	59.9	49.9	39.9	29.9	19.9
输出电压 U/V								
输出电流 I/mA								
输出功率 P/mW								
负载电阻 R/Ω	9.9	8.9	7.9	6.9	5.9	4.9	4.5	3.0
输出电压 U/V								
输出电流 I/mA								
输出功率 P/mW								
负载电阻 R/Ω	2.5	2.0	1.8	1.6	1.5	1.4	1.3	1.2
输出电压 U/V								
输出电流 I/mA								
输出功率 P/mW								
负载电阻 R/Ω	1.1	1.0	0.9	0.8	0.7	0.6	0.5	0.4
输出电压 U/V								
输出电流 I/mA								
输出功率 P/mW								

⑥ 根据表 17-3 数据，作出燃料电池静态特性曲线。

⑦ 根据表 17-3 数据，作出燃料电池输出功率和输出电压之间的关系曲线。

（4）测量燃料电池系统效率。电解池产生氢氧燃料的体积与输入电解电流大小成正比，而氢氧燃料进入燃料电池后将产生电压和电流，若不考虑电解器的能量损失，燃料电池效率可以定义为：

$$\eta = \frac{I_{FUC}U_{FUC}}{I_{WE} \times 1.23} \tag{17-20}$$

式中，I_{FUC}、U_{FUC} 分别为燃料电池的输出电流和输出电压；I_{WE} 为水电解器电解电流。燃料电池的最大效率为：

$$\eta = \frac{P_{max}}{I_{WE} \times 1.23} \times 100\% \tag{17-21}$$

式中，P_{max} 为燃料电池的最大输出功率。

根据表 17-3 数据，计算燃料电池输出功率最大时对应的效率。

（5）实验完毕后，先切断电解池电源，让燃料电池带负载工作一段时间，消耗剩余的燃料，然后将燃料电池下部的排气口用胶塞塞上。

4. 观察能量转换过程

（1）断开燃料电池与风扇的连接，打开燃料电池下部的排气口胶塞，确保储水储气罐中有足量的去离子水。

（2）将太阳能电池、电流表以及电解池串联起来，确保正负连接正确，开启光源。

（3）电流表上将显示电解电流大小，电解池中将有气泡产生（电解电流的大小与太阳能电池的输出电流有关，太阳能电池板离光源越近，电解电流越大）。

（4）用电压表测量燃料电池输出，观察输出电压变化。

（5）等待 15 min 左右，燃料电池的输出电压将会稳定不变（等待时间随太阳能电池的输出电流大小以及储水储气罐中是否有空气存在有关）。

（6）用短接插连接燃料电池输出和风扇电压输入，风扇将会转动（在燃料电池输出功率足够大时）。

💡 实验注意事项

（1）禁止在储水储气罐中无水的情况下接通电解池电源，以免烧坏电解池。

（2）电解池用水必须为去离子水或者二次蒸馏水，否则将严重损坏电解池。

（3）电解池工作电压必须小于 7.5 V，电流小于 0.75 A，并且禁止正负极反接，以免烧坏电解池。

（4）禁止在燃料电池输出端外加直流电压，禁止燃料电池输出短路。

（5）光源和太阳能电池在工作时，表面温度会很高，禁止触摸；禁止用水打湿光源和太阳能电池防护玻璃，以免发生破裂。

（6）必须在标定的技术参数范围内使用电阻箱负载。

（7）每次使用完毕后不用将储水储气罐的水倒出，留待下次实验继续使用，注意水位低于电解池出气口上沿时，应补水至水位线。

（8）间隔使用期超过两周时，燃料电池的质子交换膜会比较干燥，影响发电效果；质子交换膜必须含有足够的水分，才能保证质子的传导。但水含量又不能过高，否则电极被水淹没，水阻塞气体通道，燃料不能传导到质子交换膜参与反应。

（9）正常使用时，必须打开燃料电池下部的排气口胶塞。

（10）仪器连续工作时，燃料电池反应生成的水如果没有及时排出，可能会堵塞氢气和氧气的反应通道，造成气体传导不畅，影响燃料电池发电。

（11）实验完毕后，关闭电解池电源，让燃料电池自然停止工作，以便消耗掉已产生的氢气和氧气；最后一定要塞好燃料电池下部的排气口胶塞，以保证燃料电池下次使用时不干燥。

（12）在电解电流不变时，燃料供应量是恒定的。若负载选择不当，电池输出电流太小，未参加反应的气体会从排气口泄漏，燃料利用率及效率将会降低。

（13）实验时，保持室内通风，禁止任何明火。

✒ 思考题

（1）试通过查文献，思考提高太阳能电池和燃料电池的能量转化效率的方法。

（2）太阳能电池和燃料电池有哪些应用？

参考文献

[1] 杜宇平，陈红雨，冯书丽，等. 质子交换膜燃料电池发展现状 [J]. 电池工业，2002（5）：266-271.

实验十八　太阳能电池综合特性测定实验

⚙ 背景介绍

太阳能电池是通过光生伏特效应直接把光能转化成电能的装置，是一种大有前途的新型电源，具有永久性、清洁性和灵活性三大优点。与火力发电、核能发电相比，太阳能电池不会引起环境污染且寿命长。理解太阳能电池的工作原理、基本特性表征参数和测试方法是必要和重要的。

📖 实验目的

（1）了解 PN 结基本结构与工作原理。

（2）了解太阳能电池的基本结构，理解工作原理。

（3）掌握 PN 结的伏安特性及伏安特性对温度的依赖关系。

（4）掌握太阳能电池基本特性参数测试原理与方法，理解光源波长、温度等因素对太阳能电池特性的影响。

（5）通过分析 PN 结、太阳能电池基本特性参数测试数据，进一步熟悉实验数据分析与处理的方法，分析实验数据与理论结果间存在差异的原因。

🌱 实验原理

1. 光生伏特效应

半导体材料是一类特殊的材料，从宏观电学性质上说它们的导电能力在导体和绝缘体之间，导电能力随外界环境，如温度、光照等，发生剧烈的变化。半导体材料具有负的电阻温度系数。从材料结构特点上说，这类材料具有半满导带、价带和带隙，温度、光照等因素可以使价带电子跃迁到导带，改变材料的电学性质。通常情况下，都需要对半导体材料进行必要的掺杂处理，调整它们的电学特性，以便制作出性能更稳定、灵敏度更高、功耗更低的电子器件。半导体材料电子器件的核心结构通常是 PN 结。PN 结简单说就是 P 型半导体和 N 型半导体的基础区域。太阳能电池本质上就是 PN 结。

常见的太阳能电池从结构上说是一种浅结深、大面积的 PN 结。太阳能电池之所以能够完成光电转换过程，核心物理效应是光生伏特效应。其相关知识见实验十七相关内容，本实验不再详述。

2. 太阳能电池无光照情况下的电流电压关系（暗特性）

太阳能电池是依据光生伏特效应把太阳能或者光能转化为电能的半导体器件。如果没有光照，太阳能电池等价于一个 PN 结。通常把无光照情况下太阳能电池的电流电压特性叫作暗特性。近似地，可以把无光照情况下的太阳能电池等价于一个理想 PN 结。其电流电压关系为肖克莱方程：

$$I = I_s \left[\exp\left(\frac{eV}{k_0 T}\right) - 1 \right]$$

式中，$I_s = J_s A = A\left(\dfrac{eD_n n_{p_0}}{L_n} + \dfrac{eD_p p_{n_0}}{L_p}\right)$，为反向饱和电流。$A$、$D_n$、$D_p$、$n$、$p$ 和 L 分别为结面积、电子扩散系数、空穴扩散系数、平衡电子浓度、平衡空穴浓度和扩散长度。

根据肖克莱方程不难发现，在正向、反向电压下，暗条件下的太阳能电池伏安曲线不对称，这就是 PN 结的单向导通性或整流特性。对于确定的太阳能电池，其掺杂杂质种类、掺杂计量、器件结构都是确定的，对电流、电压特性具有影响的因素是温度。温度对半导体器件的影响是这类器件的通性。根据半导体物理原理，温度对扩散系数、扩散长度、载流子浓度都有影响。综合考虑，反向饱和电流为：

$$J_s \approx e\left(\frac{D_n}{\tau_n}\right)^{1/2} \frac{n_i^2}{N_A} \propto T^{3+\frac{\gamma}{2}} \exp\left(-\frac{E_g}{k_0 T}\right)$$

由此可见随着温度升高，反向饱和电流随着指数因子 $\exp\left(-\dfrac{E_g}{k_0 T}\right)$ 迅速增大，且带隙越宽的半导体材料，这种变化越剧烈。

半导体材料禁带宽度是温度的函数，即 $E_g = E_g(0) + \beta T$，其中 $E_g(0)$ 为绝对零度时的带隙宽度。设有 $E_g(0) = eV_{g0}$，V_{g0} 是绝对零度时导带底和价带顶的电势差。由此可以得到含有温度参数的正向电流、电压关系：

$$I = AJ \propto T^{3+\frac{\gamma}{2}} \exp\left[\frac{e(V - V_{g0})}{k_0 T}\right]$$

显然正向电流在确定外加电压下也是随着温度升高而增大的。

3. 太阳能电池光照情况下的电流电压关系（亮特性）

相关知识请参见实验十七，本实验不再详述。

4. 太阳能电池的效率

由实验十七可知，太阳能电池的转换效率 η 为输出电能 P_m 和入射光能 P_{in} 的比值：

$$\eta = \frac{P_m}{P_{in}} = \frac{I_m V_m}{P_{in}}$$

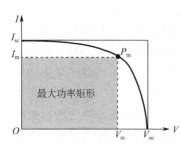

图 18-1　太阳能电池最大功率矩形

其中，$I_m V_m$ 在 $I\text{-}V$ 关系曲线中构成一个矩形，叫作最大功率矩形，如图 18-1 所示。光特性伏安关系曲线与电流、电压轴交点分别是闭路电流和开路电压。最大功率矩形取值点 P_m 的物理含义是太阳能电池最大输出功率点，数学上是伏安曲线上坐标相乘的最大值点。闭路电流和开路电压也自然构成一个矩形，面积为 $I_{sc} V_{oc}$，定义 $\dfrac{I_m V_m}{I_{sc} V_{oc}}$ 为占空系数，图形中它是两个矩形面积的比值。占空系数反映了太阳能电池可实现功率的度量，通常的占空系数在 0.7～0.8 之间。

太阳能电池本质上是一个 PN 结，因而具有一个确定的禁带宽度。从原理得知，只有能量大于禁带宽度的入射光子才有可能激发光生载流子并继而发生光电转化。因此，入射到太阳能电池的太阳光只有光子能量高于禁带宽度的部分才会实现能量的转化。硅太阳能电池的最大效率大致是 28%。对太阳能电池效率有影响的还有其他很多因素，如大气对太阳光的吸收、表面保护涂层的吸收、反射、串联电阻热损失等等。综合考虑起来，太阳能电池的能量转换效率大致在 10%～15% 之间。

为了提高单位面积的太阳能电池电输出功率，可以使用光学透镜集中太阳光。太阳光发光强度可以提高几百倍，闭路电流线性增大，开路电流指数式增大。不过有理论发现，太阳能电池的效率随着光照强度增大不是急剧增大的，而是有轻微增大。但是考虑到透镜价格相对于太阳能电池较低廉，因此透镜集中也是一个有优势的技术选择。

5. 太阳能电池温度特性

除了太阳能电池的光谱特性外，温度特性也是太阳能电池的一个重要特征。对于大部分太阳能电池，随着温度的上升，短路电流上升，开路电压减少，转换效率降低。图 18-2 为非晶硅太阳能电池片输出伏安特性随温度变化的一个示例。

表 18-1 给出了单晶硅、多晶硅、非晶硅太阳能电池输出特性的温度系数（温度变化 $1℃$ 对应参数的变化率，单位为：$\%/℃$）测定的一次实验结果。可以看出，随着温度变化，开路电压变小，短路电流略微增大，导致转换效率变低。单晶硅与多晶硅转换效率的温度系数几乎相同，而非晶硅由于间隙大而导致它的温度系数较低。

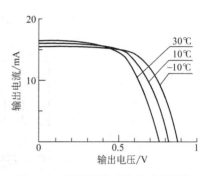

图 18-2　不同温度时非晶硅太阳能电池片的输出伏安特性

表 18-1　太阳能电池输出特性温度系数

种类	开路电压 V_{oc}/V	短路电流 I_{sc}/A	填充因子 FF	转换效率 η
单晶硅太阳能电池	-0.32	0.09	-0.10	-0.33
多晶硅太阳能电池	-0.30	0.07	-0.10	-0.33
非晶硅太阳能电池	-0.36	0.10	0.03	-0.23

在太阳能电池板实际应用时，必须考虑它的输出特性受温度的影响，特别是室外的太阳能电池。由于阳光的作用，太阳能电池在使用过程中温度可能变化比较大，因此温度系数是室外使用太阳能电池板时需要考虑的一个重要参数。

🐌 实验仪器

仪器组成包括测试主机、氙灯电源、氙灯光源、滤光片组和电池片组，实验操作和显示由计算机软件完成。整机实物图如图 18-3 所示。

图 18-3　整机实物图

（1）光路部分。本设备光路简洁，由光源、凸透镜构成。光源为高压氙灯光源，高压氙灯具有与太阳光相近的光谱分布特征。光源功率 300 W，出射光孔径为 50 mm，出光孔配有凸透镜，凸透镜焦距为 10 cm，使得从氙灯发出的散色光通过透镜后变成平行光，平行光进入测试仪后通过保温箱照射电池片，保温箱中间为两片石英玻璃构成的密封干燥环境，可以防止温差造成结雾。图 18-4 为光路示意图。

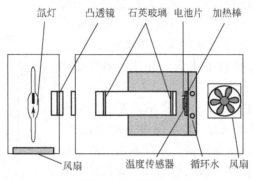

图 18-4　光路示意图

（2）电路部分。电路部分包括温度控制电路和测试电路两部分。温度控制电路用于太阳能电池片所在的控温室的温度控制，在一定范围内，可使控温室达到指定温度。测试电路用于测试太阳能电池片各性能的数据，该电路将测得数据传送给计算机，由计算机进行数据的处理和显示。

（3）控温室。给太阳能电池片提供一个 $-15\sim40℃$ 的太阳能电池片的测试环境。

（4）液晶显示器部分。允许客户进行手动操作，通过手动调节液晶屏下面的两个旋钮替代电脑上的操作步骤，但是数据需要手动记录。

（5）太阳能电池板组。

① 太阳能电池板采用普通商用硅太阳能电池板，标称开路电压 3.0 V，单晶硅、多晶硅和非晶硅有效受光尺寸为 35 mm×35 mm。

② 光强探测器用于测定入射光发光强度。其中光强探测器已采用标准光功率计进行标定，其表面积为 7.5 mm²。

实验内容

1. 太阳能电池的暗伏安特性测量

暗伏安特性是指无光照射时，流经太阳能电池的电流与外加电压之间的关系。本次实验是在闭光条件下，在不同温度点测试太阳能电池的正反向伏安特性。

（1）暗伏安特性正向测试。测试步骤为：

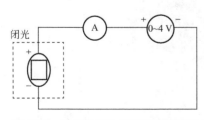

图 18-5　暗伏安特性正向测试原理图

① 筒加遮光罩，在室温条件下按图 18-5 原理图，对太阳能电池片两端加 0～4 V 的电压，测试流入太阳能电池的电流，并记录数据。

② 镜筒加遮光罩，改变温度值，范围为 $-15\sim40℃$。按图 18-5 原理图，对太阳能电池片两端加 0～4 V 的电压，测试流入太阳能电池的电流，并记录数据。

③ 本组实验完成后，换一块电池片再次进行实验。

（2）暗伏安特性反向测试。测试步骤为：

① 镜筒加遮光罩，在室温条件下按图 18-6 原理图，对太阳能电池片两端加 $0 \sim 40$ V 的电压，测试流入太阳能电池的电流，并记录数据。

② 镜筒加遮光罩，改变温度值，范围为 $-15 \sim 40$℃。按图 18-6 原理图，对太阳能电池片两端加 $0 \sim 40$ V 的电压，测试流入太阳能电池的电流，并记录数据。

③ 本组实验完成后，换一块电池片再次进行实验。

2. 太阳能电池的亮特性测试

亮特性测试内容主要是在不同温度、不同光照强度、不同光谱的情况下，测试单晶硅、多晶硅、非晶硅 3 种太阳能电池输出的电压、电流，并计算输出最大功率和填充因子、转换效率。图 18-7 为亮特性测试原理图。

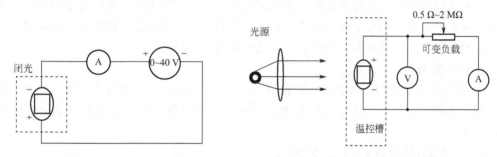

图 18-6　暗伏安特性反向测试原理图　　　　图 18-7　亮特性测试原理图

（1）开路电压、短路电流与发光强度关系测量。不加滤光片，在室温下，改变氙灯发光强度大小，测单晶硅、多晶硅、非晶硅 3 种太阳能电池对应的短路电流、开路电压。测量原理见图 18-8。发光强度大小由光强探测器测得。

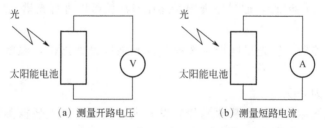

（a）测量开路电压　　　　（b）测量短路电流

图 18-8　开路电压、短路电流与发光强度关系测试原理图

实验步骤为：

① 先测出发光强度，测出开路电压和短路电流，再换太阳能电池片，分别测它们的开路电压和短路电流。

② 改变光源的位置，再测发光强度，再换太阳能电池片分别测它们的开路电压和短路电流。

③ 根据实验具体要求，测出各种同发光强度下的数据。

（2）太阳能电池输出特性实验。通过改变电阻箱的电阻值，记录太阳能电池的输出电压 V 和电流 I，并计算输出功率 $P_{\text{OUT}} = VI$。

① 填充因子计算：$\text{FF} = \dfrac{P_{\max}}{V_{\text{oc}} I_{\text{sc}}}$，其中 $P_{\max}$ 为输出电压与输出电流的最大乘积值，V_{oc}

为本次测量的开路电压，I_{sc} 为本次测量的短路电流。

②转换效率 η_s 计算：$\eta_s = \dfrac{P_{max}}{P_{in}}$，其中 P_{in} 为入射到太阳能电池表面的光功率，该光功率由光强探测器间接测得：$P = IS$，其中 I 为光强探测器测得发光强度值，S 为光强探测器采光面积。

实验步骤为：

① 放入光强探测器，将电源靠近测试仪，温度为室温，记录当前发光强度值。

② 取出光强探测器，放入太阳能电池片，改变电池片负载的电阻值，记录太阳能电池的输出电压 V 和电流 I。

③ 更换太阳能电池片，重复步骤②。

（3）太阳能电池发光强度实验。不加载滤光片，在三种不同发光强度下测量单晶硅、多晶硅、非晶硅 3 种太阳能电池片的伏安特性，得到不同发光强度下的伏安特性曲线、开路电压、闭路电流数据，比较不同发光强度下伏安特性的差异。

实验步骤为：

① 插入光强探测器，调整氙灯位置到 1，记录发光强度值，温度为室温。取出光强探测器，放入太阳能电池片，改变太阳能电池片的负载电阻值，记录太阳能电池的输出电压 V 和电流 I。

② 移动氙灯位置到 2，重复步骤①。

③ 连续测量 3 组数据。

（4）太阳能电池光谱灵敏度实验。实验内容为：在最大发光强度、室温环境下，加载不同滤光片，用光强探测器测量透过滤光片后太阳能电池片处的发光强度值 $\Phi(\lambda)$，测量加载滤光片后单晶硅、多晶硅、非晶硅 3 种太阳能电池片的短路电流 $I(\lambda)$，则太阳能电池的光谱响应值 $R(\lambda) = I(\lambda)/\Phi(\lambda)$，通过原理中所述比对法就可以进行光谱响应曲线的绘制。

实验步骤为：

① 插入光强探测器，发光强度挡位选择为发光强度最大挡位，温度为室温。记录当前发光强度值。

② 更换滤光片为 395。

③ 插入光强探测器，测量加载滤光片后发光强度值，取出光强探测器，依次放入各太阳能电池片，测试其短路电流，记录数据。

④ 依次更换滤光片为 490 nm、570 nm、660 nm、710 nm、770 nm、900 nm、1035 nm，重复步骤③。

⑤ 放入太阳能电池片，设定制冷腔温度为 T_1，T_1 范围为 $-15 \sim 40℃$。当制冷腔温度稳定后，依次更换 7 种滤光片，测量每种滤光片下太阳能电池片的短路电流并记录数据。

（5）太阳能电池温度实验。在最大发光强度、不同温度下测量单晶硅、多晶硅、非晶硅 3 种太阳能电池片的伏安特性，并计算开路电压、短路电流、转换效率、填充因子的温度系数。

💡 注意事项

（1）氙灯光源。

① 机箱内有高压，非专业人员请勿打开，否则易造成触电危险。

② 氙灯机箱表面温度较高，请勿触摸，避免烫伤。

③ 请勿遮挡机箱风扇的进出风口，否则可能造成仪器损坏。

④ 氙灯工作时，请勿直视氙灯，避免伤害眼睛。

⑤ 严禁向机箱内丢杂物。

⑥ 为保证使用安全，三芯电源线需可靠接地。

⑦ 仪器在不用时请将与外电网相连的插头拔下。

（2）氙灯电源。

① 为保证使用安全，三芯电源线需可靠接地。

② 仪器在不用时请不要接入电网。

③ 关机时，按下关机按钮 15 s 内氙灯未熄灭，说明仪器出现故障，应直接拔插头。

（3）测试主机。

① 风扇在高速旋转时，严禁向内丢弃杂物。

② 实验时请关闭顶盖，关闭顶盖时应注意安全，不要夹到手指。

③ 为保证使用安全，三芯电源线需可靠接地。

④ 请勿遮挡机箱风扇进出风口，否则可能造成仪器损坏。

⑤ 仪器在不用时请将与外电网相连的插头拔下。

⑥ 温控开启后，若发现制冷腔散热器风扇未转，应按下紧急开关按钮待修。

（4）实验配件。

① 太阳能电池板组件为易损部件，应避免挤压和跌落。

② 光学镜头要注意防尘，注意不要刮伤表面。使用完毕后，应包装好置于镜头盒内。

参考文献

[1] 姜琳. 太阳能电池基本特性测定实验——一个与能源利用有关的综合设计性实验 [J]. 大学物理，2005，24（6）：52-52.

[2] 夏湘芳，杜方炳，杨红梅，等. 一种太阳能电池综合实验仪 [J]. 机电产品开发与创新，2011（4）：41-43.

第三篇
应用性实验

实验十九　红外分光光度计的使用

✿ 背景介绍

红外分光光度计是一种常用的分析测试仪器。对于物理、材料、化学、生物、制药、纺织、印染等行业，红外分光光度计是基本必需的仪器设备。简单地说，红外分光光度计用来测量物质的红外光谱，通过红外光谱数据分析得到物质的组成、含量和结构特点等方面的信息。

红外技术的发展与物理、光电子、光学、机械和计算机行业的发展紧密相连。红外线进入人类的认识范畴是 1800 年的事。当时英国天文学家威廉姆·赫胥尔通过棱镜色散太阳光的方式来研究太阳光中哪个波段光线的热效应最强，发现在红色不可见部分的热量最高。他定义的这种发热的射线就是红外线。稍后的杨氏干涉可以测定波长，接着德国物理学家夫琅和费发明了光栅，德国的基尔霍夫和本生在这些发现及发明的基础上发明了光谱仪，并开始了光谱仪在天文学和化学等领域的应用。

随着 20 世纪 60 年代后激光技术、半导体技术、微细加工技术和计算机技术的飞速发展，分光光度计取得了长足的发展，无论从探测精度、测试稳定性和重复性、数据采集处理方式和速度等方面都有了前所未有的提高。目前的分光光度计基本都是计算机控制的，具有良好的人机操作界面，数据可以图形输出，也可以数字模式输出。此外，国外根据已有物质的红外光谱编制了数以百万计的红外光谱数据库，研究者通过快速的对比就可以迅速鉴别出样品的种类、含量。

本实验使用 WGH-30 型双光束红外分光光度计。该设备自动化程度高，性能稳定可靠，广泛用于教学和科研工作。

🖳 实验目的

（1）了解红外光谱的原理。

（2）了解红外分光光度计的工作原理。

（3）掌握红外分光光度计的简单使用。

（4）能够分析简单物质的红外光谱数据。

❀ 实验原理

1. 红外吸收光谱的物理基础

光线照射样品时，部分被吸收，部分透过。以波长或波数为横坐标，以吸收率为纵坐标，把该谱带记录下来，就得到了该样品的吸收光谱图。在红外波段得到的是红外吸收光谱，在紫外可见波段得到的是紫外可见吸收光谱。不同波长入射光子携带能量不同，与物质相互作用的过程也有差异。理论分析表明，红外波段的入射光子转化为分子的振动能量和转动能量。

对微观体系能量状态及相互转化过程的分析依赖于量子力学。分子的每一个运动状态与一个能级对应，处于某特定的运动状态的分子能量 E 可以近似表示为

$$E = E_k + E_v + E_j$$

式中，E_k、E_v、E_j 分别表示平动、振动和转动能量。物质表现出光吸收过程意味着内部能级的跃迁过程的发生。由低能级 E' 跃迁到高能级 E'' 时，吸收光的波数（定义为 $1/\lambda$）为

$$\tilde{\nu} = \frac{E'' - E'}{ch} = \frac{1}{ch}\left[(E_k'' - E_k') + (E_v'' - E_v') + (E_j'' - E_j')\right]$$

式中，c 为光速；h 为普朗克常数。理论分析表明平动能量远大于振动能量，而振动能量又远大于转动能量。平动能级跃迁引起的电子光谱，出现在紫外和可见区，为紫外和可见光谱。振动能级跃迁引起的振动光谱区出现在红外光谱区，为红外光谱。纯转动能级的跃迁引起的转动光谱，出现在极远红外及微波区。实际上，电子能级的跃迁，常常伴随振动、转动能级的跃迁，得到所谓振动–转动光谱。同样振动能级的跃迁伴随转动能级的跃迁，这时得到振动–转动光谱。

建立在谐振子模型上双原子波动方程给出体系的振动能级为

$$E_v(\nu) = \left(n + \frac{1}{2}\right)hc\,\tilde{\nu}$$

式中，$\tilde{\nu}$ 为分子的振动波数。在室温下一般分子处在势能较低的 $\tilde{\nu}=0$ 振动状态，因此只需考虑从 $\tilde{\nu}=0$ 跃迁到 $\tilde{\nu}$ 所吸收的红外能量，有

$$\tilde{\nu}_0 \rightarrow \tilde{\nu} = \frac{E''(\tilde{\nu}) - E'(0)}{ch} = \frac{\left(n + \frac{1}{2}\right)ch\,\tilde{\nu} - \frac{1}{2}ch\,\tilde{\nu}}{ch} = n\,\tilde{\nu}$$

一般考虑红外光谱的强度 $I_{\nu'\nu''}$ 时，必须考虑不同能级 ψ_ν 之间跃迁偶极矩 M 的变化，它们之间关系为：

$$I_{\nu'\nu''} = \int \psi_{\nu'}(q)M\psi_{\nu''}(q)\mathrm{d}t$$

进一步可以证明：

（1）只有偶极矩会随 q 而变化的那些振动才会在红外光谱中出现。例如极性双原子分子 HBr 会得到红外光谱，而偶极矩为零的 H_2、O_2、Cl_2 等非极性分子则不会产生红外光谱。

（2）在谐振子模型近似下，红外吸收只允许发生在振动量子数改变为 $\Delta\tilde{\nu}=\pm1$ 的状态间。实际上由于振动的非谐性等原因，使得 $\Delta\tilde{\nu}=\pm2$、±3 等概率较小的跃迁也成为可能。这也定性地说明了 $\tilde{\nu}_{0\rightarrow1}$（称为基频）强度很大、$\tilde{\nu}_{0\rightarrow2}$（称为第一频）较弱、$\tilde{\nu}_{0\rightarrow3}$（称为第二频）则更弱的事实。在多原子分子中还会出现合频吸收带（即 $\tilde{\nu}=\tilde{\nu}_1+\tilde{\nu}_2$）。

对于多原子分子，分子振动比较复杂，有（$3N-6$）个简正振动，线性分子为（$3N-5$）个（N 为原子数）。这些简正振动是作为分子整体的振动，每种振动是分子中某个功能基在不同

化合物中的振动，且频率在一定的范围内，振动频率叫该功能基的特征振动频率。通常把这种能代表某个基团存在并有较高强度的吸收峰称为特征吸收峰，一个功能基可以出现不止一个吸收带，总的可分为伸缩振动和变形振动两大类。伸缩振动主要改变键长，分为对称性收缩振动和不对称性收缩振动；变形振动引起键角的变化，分为对称面内及面外变形振动等形式。谐振子模型下某化学键的特征吸收带，主要取决于成键原子的质量和力常数：

$$\tilde{\nu} = \frac{1}{2\pi c}\sqrt{\frac{k}{\mu}}$$

式中，k 为键力常数；μ 为折合质量，即

$$\frac{1}{\mu} = \frac{1}{m_1} + \frac{1}{m_2}$$

式中，m_1 和 m_2 分别为两个成键原子的质量。根据各种化学键的 k 与 μ 值的大小，红外光谱可划分为如下几个区域：$2500\sim3700\ \mathrm{cm}^{-1}$ 为含 H 化学键的伸缩振动区域。由于 H 原子质量最小，这种键具有高的振动频率，—OH、—NH—、—CH—等伸缩振动吸收带均出现在此区域。$2000\sim2500\ \mathrm{cm}^{-1}$ 为双键的伸缩振动区域。由于这种键具有最高的权值，所以其振动频率也较大，—C≡C—、—C≡N、—N=C=O 等伸缩振动吸收带出现在此区域。$1600\sim2000\ \mathrm{cm}^{-1}$ 为双键的伸缩振动区域，—C=C—、—C=O、苯环等伸缩振动出现在此区域。$500\sim1600\ \mathrm{cm}^{-1}$ 为单键区，在此区域所有的化合物均有互异的谱，可以用来鉴定各种化合物，因此又称为指纹区。重原子（除 H 外其他原子）之间单键的伸缩振动，由于 k 小 μ 大因而具有较低的振动频率，如—C—C—、—C—O—、—C—N—等伸缩振动吸收带均出现在此区域。此外，考虑到变形振动的 k 值远远小于伸缩振动的 k 值，所以含氢化学键或功能基的变形振动吸收出现在该区域。常借助有关特征吸收谱带的知识，对化合物的红外光谱进行功能基的定性，以确定有关化合物的类别，再与已知结构的化合物的光谱进行比较，鉴定所提出可能结构的化合物。

2. WGH-30 型双光束红外可见分光光度计的原理、结构与使用

该设备与传统的零点平衡式仪器有本质区别，它是基于计算机直接比例记录的原理工作的。工作原理如图 19-1 所示，由光源发出的光线分为能量相同的两束，样品光线 S 通过样品，参考光束 R 作为对比基准。这两束光线通过样品室进入光度计后，被扇形镜以 10Hz 的频率调制，变成交变信号，然后两束合为一束，并交替通过入射狭缝进入单色器中，经过离轴抛物镜将光束平行投射到光栅上，色散并通过出射狭缝，经过滤波片除去高次光谱，再经过椭球镜聚焦在探测器的接收面上。探测器将上述交变信号转化为相应的电信号，再经过放大器进行电压放

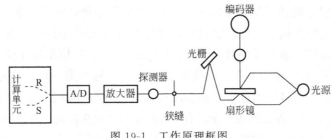

图 19-1　工作原理框图

大，输入 A/D 转化单元，将模拟信号转换为响应的数字量，并进入数据处理系统的计算单元。

计算单元的工作原理如图 19-2 所示。在计算单元中，首先运用同步分离原理，将被检测信号的基频（10 Hz）分量（$R-S$）和倍频分量（$R+S$）分离出来，通过求解联立方程，求解出 R 和 S 的值，最后再求解出 S/R 的数值。这个比值就是表征测试样品在某一个固定波长位置的透过率值。它可以通过仪器的终端显示出来，也可以被打印。当仪器从高波数向低波数进行扫描时，就可以连续显示出样品的红外吸收光谱。

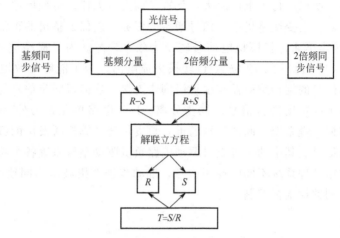

图 19-2　计算单元工作原理

本设备由一台主机和一台计算机构成。这个仪器由光学系统、由步进电机驱动的机械传动系统、电子系统和数据处理系统构成。整机系统框图如图 19-3 所示。红外分光光度计是光机电一体化的大型精密仪器设备，结构复杂，维护与操作都有相当的要求。

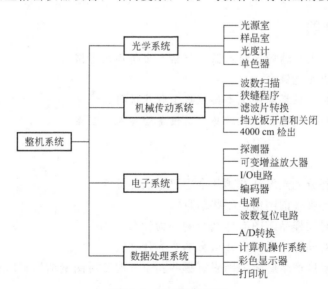

图 19-3　整机系统框图

光学系统中的光学室由两个平面镜、两个球面镜和光源组成。光源为瓷土棒，长度 18 mm，直径 3.6 mm，正常工作时温度 1150℃。光度计部分的主要功能是将参考光束和样品光束在空间上合成一路，而在时间上相互交替，光度计由一系列的反射镜、椭圆镜和扇面镜组成。光学系统的单色器采用的是光栅和滤色器单色器，它也是一系列光学元件的组合。核心的光栅是一块双闪耀光栅，覆盖整个波段，刻痕密度 66.6 条/mm。闪耀波长为 3 μm 和 10 μm。

步进电机驱动的机械转动系统包括五个部分，该系统完成的功能是波数驱动、狭缝机构控制、滤光片的转化和复位检出。

电子电路及数据处理单元是探测器将调制后的光信号转换为相应的电信号。本仪器的探测器采用热释电探测器，其光敏接收尺寸为 0.5 mm×2 mm，窗口材料 KRS-5。由于探测器输出信号非常微弱，所以进行了电压放大，配置了前置放大器。可变增益放大器除了对信号放大外，主要执行着自动变换整机系统信号增益的任务，以保证整机的正常工作。此外，系统还配置有 A/D 转换单元，将模拟电信号转换为数字信号。为了提高整机的透过率精度，采用了转换精度达到 1/4096 的 12 位 A/D 转换集成电路。为了能够有效地进行信号的分离工作，将产生同步信号的旋转编码器与扇形镜同步连接，这使得同步信号与扇形镜的调制频率同步，从而保证了高精度进行信号的同步分离。I/O 电路单元是另外一个重要的组成部分，它是主机与数据处理系统之间的数据通道，负责传送计算机所发出的各种控制信号，以及主机发出的应答信号。其中的步进电机驱动电路负责驱动整机系统各个功能步进电机的运转。它接收来自数据处理系统不同的控制信号，推动步进电机做出不同速度和方向的动作，从而完成仪器一系列的横坐标控制功能。

实验内容

（1）熟悉双光束红外分光光度计仪器。
（2）开机自检，熟悉控制程序界面与操作。
（3）在不同的狭缝宽度和扫描速度下，测试同一个样品的红外吸收谱图并保存测试结果。
（4）对测试结果进行分析处理。

实验注意事项

（1）本设备属于大型精密实验仪器，严禁私自拆卸或者搬动。
（2）测量过程中避免振动。
（3）挥发性、腐蚀性样品测试要按照规定程序进行。
（4）操作过程中发现异常状况，马上与设备管理人员联系。

思考题

（1）双光束红外分光光度计有哪几个主要组成部分？
（2）物质的红外吸收谱图给出哪些信息？
（3）狭缝宽度对同样品谱图有什么影响？为什么？
（4）扫描速度对同样品谱图有什么影响？为什么？
（5）对测量精确度产生影响的因素有哪些？空气湿度对测量结果有影响吗？为什么？

参考文献

[1] 陆燕宁. 红外分光光度法测定水中石油类的不确定度计算 [J]. 现代测量与实验室管理，2003，11（6）：29-30.
[2] 徐琳，李凤雷. 对分光光度计使用与维护问题的刍议 [J]. 科技资讯，2006（11）：211-211.

实验二十　紫外可见分光光度计的使用

✿ 背景介绍

1852 年，比尔提出了分光光度的基本定律，即液层厚度相等时，颜色的强度与呈色溶液的浓度成比例，从而奠定了分光光度法的理论基础，这就是著名的比尔-朗伯定律。1854年，杜包斯克和奈斯勒等人将此理论应用于定量分析化学领域，并且设计了第一台比色计。到 1918 年，美国国家标准局制成了第一台紫外可见分光光度计。此后，紫外可见分光光度计经不断改进，又出现自动记录、自动打印、数字显示、微机控制等各种类型的仪器，使光度法的灵敏度和准确度也不断提高，其应用范围也不断扩大。

紫外可见分光光度计可应用于材料的透光度、吸光度以及吸光系数的测量。自紫外可见分光光度计法问世以来，在应用方面有了很大的发展，尤其是在相关学科发展的基础上，促使分光光度计仪器的不断创新，功能更加齐全，对物理、微电子、材料、光学等专业学生的综合实践能力和创新设计能力的培养具有重要的意义。

▤ 实验目的

（1）通过学习，使学生了解紫外可见分光光度计的原理，掌握分光光度计的测试原理以及应用范围。

（2）通过紫外可见分光光度计的结构，使学生能正确使用设备，掌握分光光度的操作流程，具备一定的创新设计能力。

（3）通过溶液的测试，使学生对实验感兴趣，开展深度学习，提升发现、分析和解决问题的能力。

✿ 实验原理

物质的吸收光谱本质上就是物质中的分子和原子吸收了入射光中的某些特定波长的光能量，相应地发生了分子振动能级跃迁和电子能级跃迁的结果。由于各种物质具有各自不同的分子、原子和不同的分子空间结构，其吸收光能量的情况也就不会相同。因此，每种物质就有其特有的、固定的吸收光谱曲线，可根据吸收光谱上的某些特征波长处的吸光度的高低判别或测定该物质的含量，这就是分光光度定性和定量分析的基础。分光光度分析就是根据物质的吸收光谱研究物质的成分、结构和物质间相互作用的有效手段。

物质在光的照射下会产生对光的吸收效应，而且物质对光的吸收是具有选择性的。各种不同的物质都具有其各自的吸收光谱。因此不同波长的单色光通过溶液时其光的能量就会被不同程度地吸收，光能量被吸收的程度和物质的浓度有一定的比例关系，也就是说紫外可见分光光度法的定量分析基础是比尔-朗伯定律。

（1）吸光度和透光度：设入射光发光强度为 I_0，吸收光发光强度为 I_a，透射光发光强度为 I_t，反射光发光强度为 I_r，则

$$I_0 = I_a + I_t + I_r$$

由于反射光发光强度很弱，其影响很小，上式可简化为：

$$I_0 = I_a + I_t$$

透光度为透过光的强度 I_t 与入射光发光强度 I_0 之比，用 T 表示，即

$$T = I_t / I_0$$

吸光度为透光度倒数的对数，用 A 表示，即

$$A = \lg(1/T) = \lg(I_0 / I_t)$$

（2）比尔–朗伯定律：当一束平行单色光通过含有吸光物质的稀溶液时，溶液的吸光度与吸光物质浓度、液层厚度乘积成正比，即

$$A = KCL$$

式中，K 为吸光系数，与吸光物质的本性、入射光波长及温度等因素有关；C 为吸光物质浓度；L 为透光液层厚度。

根据测量到的 I_t、I_0 的强度，可以计算出物质的透光度 T 以及吸光度 A；根据物质的浓度 C 以及透光液层厚度 L 可以计算出 K，即物质的吸光系数。

🛠 实验仪器

本实验以 WGD-8A 型组合式多功能光栅光谱仪、吸收池、氙灯等进行设计。根据图 20-1 设计氙灯经过吸收池，再通过单色仪进行分光，通过光电倍增管对发光强度进行测量，最后通过计算机显示出不同波长的发光强度。

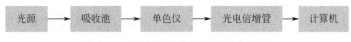

图 20-1　紫外可见分光光度计设计图

（1）光源：用氙灯作为光源，配以专用的驱动电路，光谱范围为 200～660 nm（紫外以及可见光谱），为近似连续的光谱。

（2）吸收池：吸收池中可放待测溶液，溶液可盛放在 10 mm 厚的石英吸收皿中。

（3）单色仪：单色仪为 WGD-8A 型组合式多功能光栅光谱仪中的光路部分，其由 1～2 mm 入射狭缝、反射镜、准直透镜、反射光栅、聚焦透镜以及出射狭缝组成，使从出射狭缝中出来的光为单个波长的光。

（4）光电倍增管：用于测量单色光的发光强度，采用负高压对光电倍增光的放大倍数进行调节。

（5）计算机：通过数据采集与后处理，将不同波长（或频率）对应的光强度图形化并显示出来。

📚 实验内容

（1）测量乙醇溶液的透光度 T 以及吸光度 A。

（2）测量乙醇溶液的吸光系数 K。

⚙ 实验步骤

（1）按照图 20-1 设计好光路，在氙灯后面放置吸收池，再将吸收池卡在单色仪的入口。

（2）打开氙灯预热 10 min。

（3）打开计算机、光电倍增管驱动器、单色仪软件，设置波长范围为 200～660 nm，纵坐标强度范围为 0～1000，波长采样间隔为 0.01 nm，其他参数选择默认。

（4）将石英比色皿放入吸收池中，注意手拿磨砂面，使光源通过两个光滑的面，盖上吸收池盖子。

（5）将光电倍增管驱动电压调节到合适的值，使测量的发光强度不要饱和，同时也不能过小，测量经过比色皿后的不同波长的发光强度，记为 I_0。

（6）调制一定浓度的乙醇溶液，将溶液装入石英比色皿后，放入吸收池，利用软件测量经过比色皿后不同波长的发光强度，记为 I_t。

（7）根据测量结果进行数据处理，计算 T、A、K（也可以采用软件自带的功能，直接得到 T 和 A）。

（8）测量完成后，调节光电倍增管驱动电压到最小，依次关闭光谱仪软件、驱动电压开关、氙灯驱动电源开关。

（9）取出吸收池中的比色皿，将比色皿中的溶液倒入特定的废液桶中，洗干净比色皿，烘干后放入盒子中。

（10）取下氙灯、吸收池，将所有设备归位。

数据处理

（1）根据 $T = I_t / I_0$，计算出 200～660 nm 之间该浓度乙醇的透光度，并画图。以波长为横坐标、透光度为纵坐标，注意写明单位。

（2）根据 $A = \lg(1/T) = \lg(I_0/I_t)$，计算出 200～660 nm 之间该浓度乙醇的吸光度，并画图。以波长为横坐标、吸光度为纵坐标，注意写明单位。

（3）根据 $K = A/CL$，其中 C 为吸光物质浓度，L 为透光液层厚度（取 10 mm），A 为计算得到的吸光度，计算出该温度下的物质的吸光系数 K，并画图。以波长为横坐标、吸光系数 K 为纵坐标，注意写明单位。

实验注意事项

（1）开机的时候，氙灯光源一定要预热 5～10 min。

（2）测量 I_0 和 I_t 过程中，光电倍增管的放大倍数不能改变，即驱动电压不能变。

（3）拿比色皿时要沿对角线拿，或者拿磨砂面，以免弄脏比色皿表面，影响测量结果。

（4）测量过程中，光谱采样间隔需要调整为 0.01 nm，以提高波长的精确度。

思考题

（1）在测量 I_t 时，为什么不能改变光电倍增管的驱动电压？

（2）在整个测量过程中能改变波长范围吗？能改变光谱采样间隔吗？为什么？

（3）测量过程中比色皿光滑表面如果有污渍，对测量结果有什么影响？

（4）为什么氙灯需要预热？

参考文献

[1] 邓芹英，刘岚，邓慧明．波谱分析教程［M］．北京：科学出版社，2006．

实验二十一　荧光分光光度计的使用

✿ 背景介绍

荧光分光光度计是最常见的实验仪器，主要用于对经光源激发后产生荧光的物质或经化学处理后产生荧光的物质成分进行分析。在检测食品安全、自然环境污染等重要的课题上，其发挥积极的作用。

📖 实验目的

（1）通过学习，使学生掌握荧光分光光度计的基本原理以及应用范围。

（2）通过学习荧光分光光度计实验装置的使用方法，了解荧光分光光度计的测量和计算方法，使学生能正确使用设备，掌握测量流程。

（3）通过测量，使学生对实验感兴趣，开展深度学习，提升发现、分析和解决问题的能力。

🌱 实验原理

荧光是一种自然现象，在日常生活中到处可以看见。如图 21-1 所示，产生荧光的原因是：荧光物质分子吸收了特征频率的能量后，由基态（S_0）跃迁到激发态（S_2），然后内能转换消耗部分能量，返回到最低电子激发态的最低振动能级（S_1），再从这个能级（S_1）返回基态（S_0）时所发的光，这束光称为荧光。荧光发射的能量要比吸收光的能量小（波长要长）。

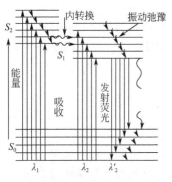

图 21-1　荧光的能级图

当用紫外光照射某种物质时，这些物质会发出各种颜色和不同强度的光，当紫外光停止照射时，这种光线也随之消失。这种光线称为荧光。依据物质所发荧光的颜色和强度建立起来的定性和定量的分析方法称为荧光分光光度法。

荧光分析中常用参数：

① 激发光谱：将样品放入光路中，选择合适的发射单色器的波长和带宽并使之固定不变，让激发单色器的波长扫描，所得的图谱即为激发光谱，如图 21-2 所示，它反映了物质的荧光强度与激发波长的关系。

② 激发光谱的特性：激发光谱从理论上讲同一物质的最大激发波长与最大吸收波长一致，但由于荧光测量仪器的特性，如光源的分布、单色器的透射和检测器响应的影响，实际测量的荧光激发光谱与吸收光谱不完全一致。

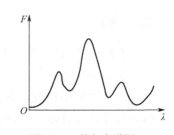

图 21-2　激发光谱图

③ 发射光谱（也叫荧光光谱）：将荧光样品放入光路中后，选择合适的激发单色器波长与带宽，使之固定不变，让发射单色器的波长扫描图谱，所得光谱即为发射光谱，如图 21-3 所

示，它反映了物质的荧光强度与发射波长的关系。通常具有如下特性：斯托克斯位移；荧光发射光谱的形状与激发光波长无关；荧光光谱与吸收光谱呈镜像关系。

④ 荧光强度：荧光强度是表示发射相对强度的物理量，它是最常用的荧光参数之一。目前一般的商品仪器都采用荧光强度来表示，单位为任意单位，表示的是相对强度。

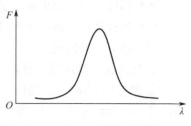

图 21-3　发射光谱图

🐵 实验仪器

本实验仪器采用 F 系列的荧光分光光度计。如图 21-4 所示，荧光分光光度计主要由六个部分组成：激发光源、激发单色器、样品室、发射单色器、检测器以及显示装置。

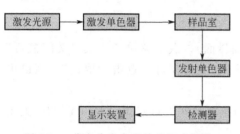

图 21-4　荧光分光光度计的组成部分

激发光源：对激发光源的要求是必须有足够的强度且具有连续光谱，其波长范围能满足仪器的需要。大部分仪器由氙灯组成，它对能量的要求没有紫外可见分光光度计那么严格。

单色器：单色器是荧光分光光度计的核心部件。它有两个单色器：激发单色器的作用是将光源发出的白色光色散成各种波长的单色光，用于照射样品；发射单色器的作用是只让样品发出的荧光通过。

样品室：样品室比较大，以容纳各种直径的样品池和附件，如流动池、微量池等。样品室由石英材料制成。

检测器：荧光分光光度计常用的是光电检测器，如光电池、光电管、光电倍增管和二极管阵列检测器。现在大部分是光电管。

显示装置：将测量到的荧光强度经过数据处理后显示出来。

📚 实验内容

样品荧光强度的测量。

⚙️ 实验步骤

1. 开机

（1）开启计算机。

（2）将荧光分光光度计用随机配带的 USB 数据线连接到电脑的 USB 接口。

（3）将荧光分光光度计开关（仪器主机左侧面板下方的黑色按钮）按向"ON"，打开荧光分光光度计电源。同时，观察主机正面面板右侧的氙灯指示灯和运行指示灯是否依次亮起来，是否都显示绿色。

（4）30 s 后打开荧光分析软件，双击桌面图标打开软件。主机自行初始化，自动进入扫描界面。

（5）初始化结束后，须预热 15～20 min，按界面提示选择操作方式。

2. 样品测定

（1）在测量之前要设定分析条件。有两种方法进行分析条件设置：从"工具"菜单中，选择"配置"命令；或者点击"测量方法"按钮，将显示一个对话框。共三种类型的分析条件：波长扫描、时间扫描和定量分析。一般选择定量分析。

（2）当选择基本设置标签时，将显示一个窗口，按照实验需要进行设置。

（3）建立标准曲线：

① 输入标准样品浓度值，打开样品表窗口，如样品浓度值不合适，双击鼠标左键更改。

② 测量标准样品荧光值，在样品表窗口样品1波长处单击鼠标右键，首先测量空白样品，然后再测量标准样品。依次测完所有标准样品。

③ 显示拟合曲线，点击右侧工具栏最下方图标，显示拟合曲线、公式及参数。

（4）测量样品。光标移到样品显示区，单击鼠标右键点击测量，样品的荧光值与浓度显示在样品显示区。重复以上操作完成所有样品测量。

（5）设置光闸"开""关"或"自动"，可通过右侧工具栏中间图标进行切换。

（6）测量完成，点击"完成"结束本次测量。

3. 关机

（1）如果在联机状态下，先回到主界面（即扫描界面），点击菜单"工具—关闭氙灯"关闭氙灯，将提示"确认关闭氙灯吗?"，点击"确定"，关闭氙灯；点击"取消"，则退出窗口。

（2）点击软件的关闭按钮，将提示"确定关闭扫描窗口吗?"，点击"是（Y）"，关闭软件；点击"否（N）"，返回。

（3）关灯后冷却 5 min，再关闭荧光分光光度计主机电源。

实验数据处理

（1）测量好标准样品的值，并做好曲线拟合。

（2）测量待测样品的值，并与标准样品对照算出结果。

实验注意事项

（1）注意开机顺序。进行步骤1中的（3）时，若是未先开主机，则程序会抓取不到主机讯号。

（2）注意关机顺序。

（3）为了保护光源，请在关灯 5 min 后再关闭主机电源，而不要立即关闭主机电源。

（4）关机后必须等半小时后（等氙灯温度降下）方可重新开机。

（5）扫描过程中不可关闭软件。

思考题

（1）影响荧光分析的主要因素有哪些?

（2）激发光谱与发射光谱有什么关系?

参考文献

[1] 魏立娜. 荧光分光光度计的结构与应用 [J]. 生命科学仪器，2007（7）：61-62.

实验二十二　拉曼光谱仪的使用

❀ 背景介绍

拉曼光谱分析法是基于拉曼散射效应，对与入射光频率不同的散射光谱进行分析，以得到分子振动、转动方面的信息，并应用于分子结构研究的一种分析方法。

20世纪60年代，随着激光技术的迅速发展，研究者们开始使用激光作为拉曼光谱的光源，使得拉曼光谱效应较弱的缺陷得到了改善，从而开创了拉曼光谱应用研究的新局面。电荷分布对称的键（如—C—C—、—C=C—、—N=N—、—S—S—等）在红外波段吸收很弱，但是拉曼散射却很强，且拉曼光谱振动谱带的叠加效应较小，谱带清晰，整个分子的骨架振动特征较明显。一般光谱只能得到频率和强度两个参数，而拉曼光谱还可以测定分子的另一个重要参数——退偏比（当电磁辐射与一系统相互作用时，偏振态常发生变化，这种现象称为退偏，而将偏振器在垂直入射方向时测定的散射光发光强度与偏振器在平行入射光方向测得的散射光发光强度的比值定义为退偏比），使拉曼光谱在测定分子结构对称性及晶体结构方面有重要意义，这在结构分析中是非常有用的。

随着拉曼光谱在分子光谱分析中的广泛应用，拉曼光谱技术以其信息丰富、制样简单、水的干扰小等独特的优点也得到了很大的提高。目前主要有以下几种重要的拉曼光谱分析技术：①单道检测的拉曼光谱分析技术；②以CCD为代表的多通道探测拉曼光谱分析技术；③采用傅里叶变换技术的FT-Raman光谱分析技术；④共振拉曼光谱定量分析技术；⑤表面增强拉曼效应分析技术；⑥近红外激发傅里叶变换拉曼光谱技术。

目前，拉曼光谱已广泛应用于化学、材料、半导体物理、生命科学、环境科学、医学等各个领域，是一种重要的测试分析方法和手段。随着科技的进步，拉曼光谱在有机物结构分析、离聚物分析、无机体系研究、生物高分子结构研究，特别是在高分子材料研究中的作用日趋重要。拉曼光谱还可以通过不同物质的特征光谱进行定性分析。

▣ 实验目的

（1）了解拉曼光谱分析的实验原理。
（2）掌握拉曼光谱仪的使用方法。
（3）掌握拉曼光谱分析材料性质的方法。
（4）学会查阅文献，获取特定材料拉曼光谱。

✿ 实验原理

拉曼光谱为散射光谱。当一束频率为ν_0的入射光束照射到气体、液体或透明晶体样品上时，绝大部分可以透过，大约有0.1%的入射光与样品分子之间发生非弹性碰撞，即在碰撞时有能量交换，这种光散射称为拉曼散射；反之，若发生弹性碰撞，即两者之间没有能量交换，这种光散射称为瑞利散射。拉曼散射和瑞利散射的能量变化如图22-1所示。

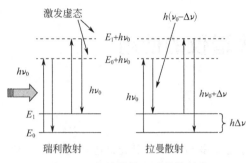

图 22-1　拉曼散射和瑞利散射的
能量变化示意图

在拉曼散射中，若光子把一部分能量给样品分子，得到的散射光能量减少，在垂直方向测量到的散射光中，可以检测频率为 $u = \Delta E / h$ 的线，称为斯托克斯线。如果它是红外活性的话，$\Delta E / h$ 的测量值与激发该振动的红外频率一致；相反，若光子从样品分子中获得能量，在大于入射光频率处接收到散射光线，则称为反斯托克斯线，如图 22-2 所示。

处于基态的分子与光子发生非弹性碰撞，获得能量到激发态可得到斯托克斯线；反之，如果分子处于激发态，与光子发生非弹性碰撞就会释放能量而回到基态，得到反斯托克斯线。斯托克斯线或反斯托克斯线与入射光频率之差称为拉曼位移。拉曼位移的大小和分子的跃迁能级差相同。因此，对应于同一分子能级，斯托克斯线与反斯托克斯线的拉曼位移应该相等，而且跃迁的概率也应相等。但在正常情况下，由于分子大多数是处于基态，测量到的斯托克斯线比反斯托克斯线强得多，所以在一般拉曼光谱分析中，都采用斯托克斯线研究拉曼位移。拉曼位移的大小与入射光的频率无关，只与分子的能级结构有关，其范围为 $25 \sim 4000~\text{cm}^{-1}$，因此入射光的能量应大于分子振动跃迁所需能量，小于电子能级。

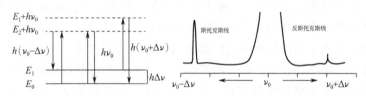

图 22-2　斯托克斯线和反斯托克斯线

🛠 实验步骤

1. 学会使用拉曼光谱仪

（1）打开激光源，听到响三声。

（2）打开显微镜光源，载物台很脆弱，不能用力碰。

（3）观察光栅位置，若位置不对，则 AC 为红色，正确应为绿色。

（4）校准。用配有的硅片对光栅进行校准，将硅片放在载物台上，用最小倍的物镜进行粗调，后使用 50 倍和 100 倍的物镜进行细调，可轻旋手杆进行细调，观察采集栏，保证物镜与使用的物镜倍数相同。正常使用石墨烯为 100 倍，光栅使用 $600~\text{mm}^{-1}$，激光输出正常使用 25%，一切正常后，点击 "STOP"，关闭显微镜，点击红色 "AC"，确定使用当前激光、当前光栅校准，等待自动校准完成。只有光栅位置正好时，拉曼光谱仪才能准确测量谷峰，每隔 12h 需要校准一次。

（5）调焦。打开视频状态，放上样品，依次进行粗调、细调，选择一个位置，不断聚焦，直到最清晰为止。

（6）选择合适的光谱范围。石墨烯正常的测量范围为 $1200 \sim 3000~\text{cm}^{-1}$，选择累计次数，按照需求调整。

（7）测试。点击"STOP"，等待 10s 左右，点击倒数第三个圆圈，开始扫描，点击"成像"，查看扫描进度。

（8）保存图谱。同时保存 txt 格式文件和 16s 格式文件。

（9）结束测试。从载物台上取下样品，关闭显微镜光源，最后关闭激光光源。

注意：① 全程不能使用细调旋钮。

② 旋转显微镜镜头时，听到"咔"一声才算是转好；取放样品时，需要将镜头卡在空位。

③ 旋转手柄的幅度不能太大。

④ 每次点击一个指令时，要静待几秒。

⑤ 开显微镜，找位置；关显微镜，扫描。

2. 制样

（1）准备已转移至硅片上的石墨烯单层薄膜样品。

（2）准备已转移至硅片上的石墨烯少层薄膜样品。

（3）准备经等离子体前处理的石墨烯单层薄膜样品。

（4）准备未知性状结构碳材料粉末。

实验内容

（1）扫描不同位置石墨烯拉曼光谱，作图并分析光谱。

（2）扫描不同层厚石墨烯拉曼光谱，作图并分析光谱。

（3）扫描经等离子体前处理的石墨烯单层薄膜样品拉曼光谱，作图，查阅文献并分析光谱。

（4）扫描未知结构碳材料粉末样品拉曼光谱，作图，查阅文献，分析材料性质结构。

实验注意事项

（1）全程戴手套操作，避免用手直接接触实验样品。

（2）确保拉曼光谱仪控制器处于正常工作状态，需注意控制器的探测器工作温度是 $-60℃$。

（3）仪器开关要严格按照流程，不能随意切断电源。

（4）注意保护显微镜镜头，不能在观察状态取放样品；观察过程中不能调整样品实际位置，必须通过机械控制器调整样品台位置；转换镜头时不能握住镜头，须转动镜头底座；必须在低倍对焦清楚，才能转换高倍镜头。

（5）使用完成后不关闭仪器，但要关闭激光和显微镜光源，终止软件运行状态。

思考题

拉曼光谱和红外光谱的区别有哪些？

参考文献

[1] 师振宇，黄山，方堃，等. 拉曼光谱实验方法及谱分析方法的研究 [J]. 物理与工程，2007，17（2）：60-64.

[2] 申晓波，郝世明，胡亚菲. 激光拉曼光谱实验最优实验参数的确定 [J]. 物理实验，2009，29（10）：31-33.

实验二十三　超高真空获得虚拟仿真实验

⚙ 背景介绍

超高真空广泛应用于工业及科研领域，是一项十分重要的技术。超高真空通常指气压处于 $10^{-10} \sim 10^{-5}$ Pa 的真空环境，此时气体来自真空室壁表面、体内及泵释放，气体处于分子流状态。许多的薄膜制备技术（分子束外延技术）和表面测试手段（如扫描电镜、扫描隧道显微镜、X 光电子能谱等）都需要在超高真空环境下进行。因此，超高真空的获得是现代技术中要求掌握的一项重要内容，具有教学意义。然而在现实教学中，很多实验设备由于其昂贵的成本限制而无法教学使用；有些实验需要很长时间运作，以至于无法在有限的课堂时间中教授。这些因素致使此类实验难以按照传统实验教学形式对学生开展，教学目标很难得到保障。

近年来，随着科技水平发展和国家政策的支持，虚拟仿真技术的应用愈发火热，越来越多的仿真实验教学项目得到开发，虚拟仿真技术在众多领域、不同学科大放异彩。本实验以分子束外延设备（MBE）为主体，设计了超高真空获得的虚拟仿真实验，拟解决超高真空技术在教学上的必要性与超高真空传统实验成本高、耗时长、风险高之间的矛盾，让更多学生接触到超高真空技术，从而提高学生的科研素养。

📖 实验目的

（1）掌握烘烤注意事项。

（2）能规范操作各级真空泵。

（3）掌握获得超高真空的基本方法。

（4）仔细观察各步操作对三腔室真空度的影响，了解烘烤过程中真空度随时间变化的曲线，会分析引起真空度变化的原因。

📖 实验内容

利用各级真空泵对分子束外延设备各腔室从大气环境开始抽真空，并结合烘烤处理，使生长室、预处理室、进样室本底真空度分别达到 5.5×10^{-8} Pa、1.2×10^{-6} Pa、3.5×10^{-5} Pa。

⚙ 实验步骤

1. 注册登录

网址为 https://mbe.usx.edu.cn/login，需用谷歌浏览器或者 IE 浏览器的极速模式打开网站。图 23-1 为注册界面及登录界面。

对于校内学生、教师，账号为学号或工号，学生以学号、教师以工号在图 23-1（a）界面中进行注册，注册成功后直接以学号（工号）在图 23-1（b）界面中登录。

对于校外用户，可联系项目负责人或网页 QQ 在线教师，激活学号或工号后，学生以学号、教师以工号在图 23-1（a）界面中进行注册，注册成功后直接以学号（工号）在图 23-1（b）界面中登录。

(a) 注册界面　　　　　　　　　　　　(b) 登录界面

图 23-1　注册界面及登录界面

对于游客，用户可直接点击图 23-1（b）界面中的"游客进入"，选填游客信息后，以游客身份进行实验体验。

不同身份权限设置说明如下：

① 学生账户权限：所有学生均可操作本实验系统中设置的实验预习、超高真空获得、单质 Sn 薄膜制备、化合物 PbTe 薄膜制备共 4 个实验模块，见图 23-2（a）、（b），其中"化合物 PbTe 薄膜制备"为设计性实验，只有小组长有递交实验方案的权限。模块间采用闯关晋级模式，系统将即时跟踪记录学习轨迹并评分，每个模块达到要求后方可进入下一个实验模块。4 个模块全部完成后，系统给出实验成绩，实验成绩≥85 分，可进入实体实验室，进行虚实结合的科研实践。学生可进入"用户中心"查看账号信息、实验成绩，并进行实验设计方案的组间互评。具体说明详见实验指导书，见图 23-2（c）。

(a) 预习实验模块界面首页　　　(b) 具体实验界面首页　　　(c) 实验指导书索引位置

图 23-2　系统操作界面

注意：学生账号登录后，需先在用户中心界面中选择班级才能开始实验，如图 23-3 所示，否则将无法进行组队及组间互评。

② 教师账户权限：进入教师"用户中心"后，可查看学生分组、对设计性实验模块中学生递交的实验设计方案进行教师点评、实验报告评分、学生成绩单导出、进行班级设置等功能，如图 23-4 所示。

③ 游客权限：仅限于实验预习、超高真空获得、单质 Sn 薄膜制备 3 个实验模块，且仅限第一位游客可实现每个模块的成绩递交功能，之后游客将无法递交成绩。

图 23-3　学生"用户中心"界面

图 23-4　教师"用户中心"界面

2. 进行超高真空获得实验

点击主界面"超高真空获得"的"实验介绍与要求",明确此实验环节的具体目标和要求;点击实验步骤,如图 23-5 所示,系统给出任务 1:"请为超高真空获得的实验步骤进行排序。"明确实验步骤后,点击"开始实验操作",进入"超高真空获得"的具体操作环节界面。如图 23-6 所示,上方横向菜单为具体的实验步骤,在完成前一步的基础上,下一步操作菜单才能被激活。

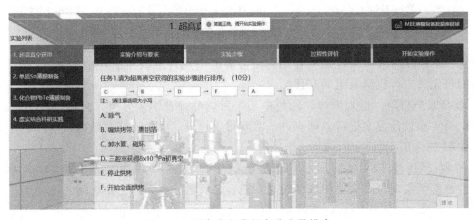

图 23-5　超高真空获得实验步骤排序

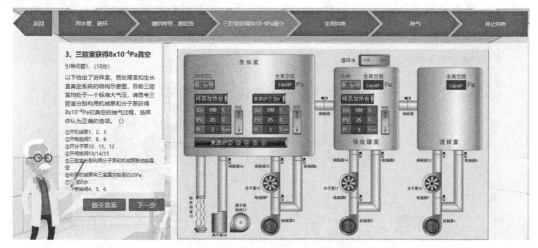

图 23-6　超高真空获得实验具体操作界面

（1）卸水管、卸磁环。点击图 23-7 中的"卸水管""卸磁环"按钮，完成相关操作。系统自动提示此操作原因：磁环遇热易去磁，水管遇热易熔化，烘烤前均需卸下。

图 23-7　卸水管、卸磁环 3D 虚拟仿真界面

（2）缠绕烘烤带、裹铝箔。点击图 23-8 中的"缠绕烘烤带""裹铝箔"按钮，完成相应操作。系统自动提示此操作注意事项：①烘烤带需均匀缠绕腔体，尽量少交叠，交叠处需用铝箔隔开；②铝箔需均匀包裹整个腔体；③橡胶圈和连接线端不耐高温。同时指示橡胶圈位置和连接线位置。

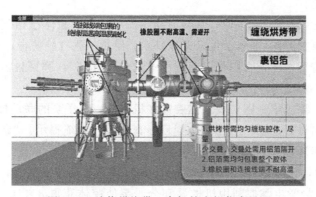

图 23-8　缠绕烘烤带、裹铝箔虚拟仿真界面

（3）三腔室获得 8×10^{-4} Pa 初真空。图 23-9 为三腔室抽初真空二维界面模拟图，具体操作如下：

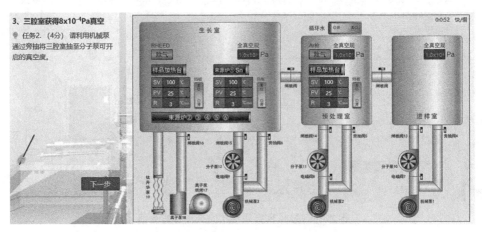

图 23-9　三腔室抽初真空二维界面模拟图

① 先打开机械泵，再打开机械泵与腔体之间的旁抽阀，待真空度达到 20 Pa 以下，关闭旁抽阀；

② 打开循环水，给分子泵冷却（分子泵正常工作时转速太高，容易产生大量热量，需要用水冷却）；

③ 打开分子泵与机械泵之间的电磁阀，打开分子泵，等分子泵有转速之后打开分子泵与腔体之间的闸板阀，利用分子泵和机械泵联动对各腔体抽真空。

本步骤涉及 2 项任务（任务 2、3）、1 个引导问题（引导问题 1），依次如下：

引导问题 1："以下给出了进样室、预处理室和生长室真空系统的结构示意图，目前三腔室均处于一个标准大气压，请思考三腔室分别利用机械泵和分子泵获得 8×10^{-4} Pa 初真空的抽气过程，选择你认为正确的选项。"系统共给予三次答题机会，第一次答题错误系统提示"扣 2 分"，第二次错误提示"扣 4 分"，第三次错误提示"扣 10 分"，并给出正确答案（注：无特殊说明情况下，系统涉及的所有引导问题均按此评分过程进行）。对实体实验中易误操作导致不可逆损坏的分子泵启动作特别提示："分子泵需在真空≤20 Pa 时启动，并进行水冷！"

任务 2："请利用机械泵通过旁抽将三腔室抽至分子泵可开启的真空度。"提示："请密切观察真空度的变化！"

任务 3：当三腔室达到 20 Pa 时，出现任务 3——"当前腔体已达到分子泵可开启的真空度，请启动分子泵抽腔体。"若学生未开循环水，给出一张红牌警告，并提示"开循环水！分子泵运行时必须进行水冷，否则将引起分子泵过热烧坏！"红牌警告需退出重新开始烘烤环节。

完成任务 3 后，要求学生密切观察三腔室在机械泵、分子泵的联动抽气下，真空随时间的演变过程，并及时做好记录。三腔室达到目标真空后，系统提示："恭喜！你已获得初真空，可进入全面烘烤环节！"

通过引导问题 1，使学生对三腔室抽初真空的过程具有初步的概念，通过 2 个任务的驱动（任务 2、3），引导学生掌握利用机械泵和分子泵使腔体获得 8×10^{-4} Pa 初真空的操作规范。

（4）开始全面烘烤。图 23-10 为系统进入全面烘烤 3D 虚拟仿真界面，具体操作如下：

图 23-10　系统进入全面烘烤 3D 虚拟仿真界面

① 对束源炉、样品台开始升温，然后开始离子泵的烘烤；

② 接通烘烤带电源，对腔体进行 48 h 的全面烘烤，注意观察腔体内真空度的变化。

此步骤涉及 1 项任务（任务 4）、1 个引导问题（引导问题 2），依次如下：

引导问题 2："思考系统烘烤过程中是否需要给源束源炉加温？如果需要加温，则加到多少摄氏度合适？此外，开启离子泵烘烤、样品加热台加温、源束源炉加温、开启烘烤带烘烤是否有先后顺序？请从以下选项中选择你认为正确的一项。"答题结束后给出提示："为避免烘烤出的杂质气体吸附在束源炉坩埚表面污染坩埚，对于不放任何源材料的束源炉也需加热到与腔壁温度一致，约为 100℃。"

任务 4：当束源炉、样品架加温到 50℃，离子泵烘烤开启，烘烤带电源接通后，系统给出任务 4——"系统已进入全面烘烤，烘烤时间一般为 48 小时，请在虚拟实验中的 48 小时内观察各腔室气压的变化！"系统界面右上角计时器可选择快进。全面烘烤 48h 后，系统提示："腔壁吸附气体已基本烘烤出，可进入除气环节！"

通过引导问题 2 使学生明确烘烤过程中始终需要防止源材料受污染，通过任务 4 使学生明确全面烘烤期间的任务，养成学会看真空进行操作的良好习惯。

（5）除气。图 23-11 为除气环节二维界面模拟图。涉及 1 项任务（任务 5）、1 个引导问题（引导问题 3），依次如下：

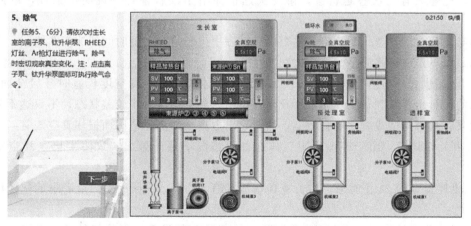

图 23-11　除气环节二维界面模拟图

引导问题 3："为达到彻底烘烤的目的，接下来需要对离子泵、钛升华泵、RHEED 灯丝、Ar 枪灯丝等进行除气（注：离子泵、钛升华泵短时间开启即为除气），为节约时间，能否对以上设备同时进行除气？为什么？"

任务 5："请依次对生长室的离子泵、钛升华泵、RHEED 灯丝、Ar 枪灯丝进行除气，除气时密切观察真空变化。"考虑到实体实验中分子泵的抽气效率，系统在每次除气操作时均会提示等待腔体真空回到本底真空且之后再进行下一步除气。

通过引导问题 3 和任务 5 使学生明确除气过程及除气注意事项。

（6）停止烘烤。

① 先关闭离子泵的烘烤，同时开启离子泵；

② 关闭束源炉和样品台加热；

③ 待离子泵正常工作之后，生长室的真空度只需要用离子泵来维持，此时需关闭生长室的分子泵和机械泵；

④ 每间隔 2h 开启钛升华泵，循环处理以进一步降低生长室的真空度；

⑤ 待整个腔体温度降到室温，拆除铝箔纸；

⑥ 给生长室套上磁环，接好水管和所有连接线。

此步骤涉及 5 项任务（任务 6～10）、3 个引导问题（引导问题 4～6），依次如下：

任务 6："请关闭生长室离子泵烘烤，并开启离子泵，同时束源炉、样品加热台开始降温，请注意观察各腔室真空度变化。"

任务 7："请开启钛升华泵，以进一步降低生长室真空。"

任务 8："请关闭生长室、进样室分子泵、机械泵，并密切观察两腔室真空规变化。"

任务 9："系统已完全冷却，请拆除铝箔纸和烘烤带！"

任务 10："请给生长室套上磁环、接好水管。"

引导问题 4："离子泵正常工作后，生长室只需离子泵来维持超高真空环境，即分子泵和机械泵此时可以关闭，进样室接下来需开腔进行进样操作，因此，烘烤结束后也需要关闭分子泵和机械泵，以下对生长室和进样室分子泵、机械泵的关闭操作正确的是哪一项？"在关闭分子泵的过程中，特别需要注意先关闭分子泵和腔体间的闸板阀，否则由于分子泵和机械泵直接连通大气，当分子泵停止工作后，腔体还是超高真空状态，瞬间大气将迅速进入真空腔体，将导致机械油泵中的油倒吸入真空腔体，造成不可逆的腔体污染，在实体实验中必须避免。此题只有一次答题机会，第一次选错即给予红牌警告并说明严重性，以此警示学生。

引导问题 5："图 23-12 给出了整个烘烤过程中生长室真空随时间的演变曲线图，关于此曲线图，以下说法正确的是（　　）。"

A. 全面烘烤一般需要真空度进入 10^{-4} Pa 时才能开启，真空度较差时开启全面烘烤，烘烤出的大量水蒸气和杂质气体来不及往外排出，使真空度处于较差状态，不仅达不到快速除气效果，且容易造成真空规管污染，甚至超出电离规的测量范围而损坏真空规管

B. 开始烘烤时，由于腔壁吸附气体在加温情况下逐渐排出，致使生长室真空度迅速上升

C. 烘烤持续约 24 小时后，生长室真空基本趋于稳定，表明腔室内壁吸附的气体已全部脱离了

D. 烘烤临近结束时，需要对所有可进行除气处理的设备进行除气处理，以进一步去除

吸附在其表面的杂质

E. 钛升华开始时，生长室真空迅速上升，钛升华关闭后，生长室真空又迅速下降，表明大量的钛被直接升华出来，与腔体内活性气体结合成稳定的化合物（固相的 TiO 或 TiN），沉积在腔壁上，以达到抽除腔体气体分子的效果。因此，钛升华泵不能长时间开启，以免污染源材料

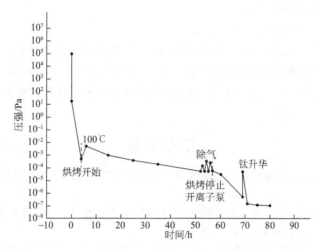

图 23-12　烘烤过程中生长室真空随时间的演变曲线图

引导问题 6：“能否在系统未完全冷却到室温时拆除铝箔纸？为什么？”

通过 5 项任务（任务 6～10），使学生掌握停止烘烤的操作规范；通过引导问题 4 使学生谨记关闭分子泵必须先关闭分子泵与真空腔室间的闸板阀这一关键性操作；通过引导问题 5 辅助学生对烘烤过程进行总结，对烘烤涉及的各环节操作对真空的影响规律有更直观、更明确的理解；通过引导问题 6 使学生明确铝箔纸必须等系统全面降到室温才能拆除。

所有步骤结束后，系统将自动评分，并告知是否达到晋级资格。达到晋级资格后，系统将提示是否递交成绩，若选择递交成绩，将不能再修改成绩，学生可点击“过程性评价”，查看实验过程中每一步操作的得失分情况；若选择放弃递交，可重复操作实验，系统将即时统计当次操作的成绩。

💡 实验注意事项

（1）在缠烘烤带的时候，烘烤带应尽量均匀缠绕腔体，尽量减少交叠，交叠时用铝箔隔开；铝箔纸包裹腔体时要尽量包裹均匀；连接线（连接线端包裹的绝缘层遇高温易融化）和橡胶圈不耐高温，要避开烘烤带。

（2）分子泵需在真空度≤20 Pa 时启动，并进行水冷，以免分子泵过热受损。

（3）为防止源炉中的源材料在烘烤过程中受污染，全面启动烘烤时，应先给源炉加热，其次是离子泵，最后给烘烤带通电。

（4）为避免烘烤出的杂质气体吸附在束源炉坩埚表面污染坩埚，对于不放任何源材料的束源炉也需加热到与腔壁温度一致。

（5）停分子泵之前必须先关分子泵与真空腔体间的闸板阀，否则会引起机械油泵中的油倒吸入真空腔体，造成不可逆的腔体污染。

（6）烘烤停止后，为防止由热胀冷缩引起真空腔体漏气，需等腔体整体冷却到室温后才能卸下包裹的铝箔纸。

思考题

（1）什么是真空？

（2）为什么要获得超高真空？

（3）真空分为几个等级？

（4）获得超高真空的过程中，用到的几个泵的工作环境分别是什么？请说明原因。

（5）为什么要等腔体内的真空度达到 8×10^{-4} Pa 时才能开始全面烘烤？

（6）图 23-12 给出了生长室从大气到超高真空的具体演变过程，请根据此图结合真空度具体描述如何获得超高真空。

参考文献

[1] 卜新章. 全媒体融合报道虚拟仿真实验教学项目的建设探索 [J]. 实验室研究与探索，2019，38（11）：200-204.

[2] 陈峰，韩晓英，杜玉晓，等. 汽车制造数字工厂虚拟仿真实验教学项目建设与实践 [J]. 实验室研究与探索，2020，39（4）：99-101，173.

[3] 唐超智，刘庆荟，张顺利. 免疫荧光实验虚拟仿真教学模式构想 [J]. 中国免疫学杂志，2018，34（12）：1888-1890.

实验二十四　真空蒸发法金属铝薄膜制备

⚙ 背景介绍

薄膜是材料的一种形态，通常意义上的薄膜是指厚度在微米及以下数量级上的物质层，其长度、宽度尺寸远远大于厚度尺寸。大多数情况下，薄膜是附着在另外的物质上的，薄膜附着物质叫作衬底或者基片，特殊情况下，也有无附着衬底的自支撑薄膜材料。构成薄膜的材料叫作膜材，它可以是单质，也可以是化合物；可以是有机物，也可以是无机物；可以是导体材料，也可以是半导体或者绝缘体材料。从物质结构上说，对于固态薄膜，它可以是非晶态、多晶态或者晶态的。因此，根据标准的不同，薄膜材料的分类是非常多的。

薄膜材料有着极为广泛的用途，它遍布国防、航空航天、重工、电子、日常生活的方方面面，尤其在电子工业领域，薄膜几乎到了一统天下的地步，半导体集成电路、电子元器件、激光器、磁带、磁头等都是应用薄膜材料的。薄膜材料与薄膜制备技术已经逐步发展为一门独立的应用技术学科。

薄膜的广泛应用促进了薄膜技术的飞速发展，根据基本原理的差异，薄膜制备技术可以大致分为：气相生成法、液相生成法、氧化法、扩散法、涂布法、电镀法等等。详细的分类见表24-1。

表 24-1　薄膜制备方法一览表

			反应蒸发法
气相生成法	物理蒸发法	真空蒸发法	同时蒸发法
			瞬间蒸发法
			单纯蒸发法
		分子外延法	分子束外延法
			固相外延法
		溅射法	直流溅射法
			交流溅射法
			反应溅射法
			磁控溅射法
		离子束法	全离子束法
			部分离子束法
			离子束外延法
	化学堆积法	化学反应法	氢还原法
			卤素输送法
		热分解法	氢化合物热分解法
			金属有机化合物热分解法（气相外延）
		放电聚合法	

氧化法		高温氧化法
		低温氧化法
		阳极氧化法
离子束注入法		
扩散法		气相扩散法
		固相扩散法
电镀法		电解电镀法
		无电解电镀法
涂布法		
液相生成法		溶液输运法
	溶液浓度下降法	浸渍法
		滑动法

本实验介绍的是最为常见的薄膜气相制备方法——真空蒸发法。

📖 实验目的

（1）了解真空的获得、测量的一般知识。

（2）了解蒸发镀膜设备的结构、工作原理、操作规程。

（3）掌握金属铝薄膜制备工艺。

🌱 实验原理

1. 真空现象简介

粗略地说，真空就是指气压值低于一个大气压的状态或者环境。真空的物理基础是气体分子运动，用于描述真空环境的物理量是气压值，专指真空时称为真空度，根据真空度的不同，有如表 24-2 的分类：

表 24-2　真空度的分类

真空度	气压值
低真空	$>10^2$ Pa
中真空	$10^2 \sim 10^{-1}$ Pa
高真空	$10^{-1} \sim 10^{-5}$ Pa
超高真空	$<10^{-5}$ Pa

可见真空度越高，相应的气压值越低。真空度的单位除了 Pa 以外，常用的还有 Torr、mmHg 和 bar。有如下的换算关系：

$$1 \text{ Torr} = 1 \text{ mmHg} = 133.3224 \text{ Pa}$$
$$1 \text{ Pa} = 10^{-5} \text{ bar} = 7.50062 \times 10^{-3} \text{ Torr}$$

根据相关理论知识，真空度越高，气压越低，分子数密度越小，分子之间碰撞的概率也越小，分子平均自由程越高。量化的表示如下（λ、n、Φ 分别是分子自由程、分子数密度和分子通量）：

$$\lambda = \frac{1}{n\pi d^2}$$

$$n = \frac{p}{RTN_A} \qquad \Phi = \frac{N_A p}{\sqrt{2\pi MRT}}$$

式中，d 为气体分子的有效截面直径；p 为压强；R 为气体常数；T 为真空环境绝对温度；N_A 为阿伏伽德罗常数；M 为气体分子质量。

真空环境对于很多工艺来说是必要的和各不相同的，就薄膜制备和分析技术来说，其一定要在不同的真空环境下完成。真空蒸发需要的是高真空和超高真空范围，溅射技术和低压化学气相沉积技术需要的真空度分别是中、高真空范围和中、低真空范围，而电子显微镜和其他各种表面分析技术需要的则是超高真空范围。

2. 真空的获得与测量

真空环境通常是在一个相对封闭的空间或者腔室中实现的，目前大多数情况下都是通过真空泵来实现真空的。真空泵是一大类设备的总称，它们也是真空系统的主要组成部分。根据工作原理的不同，可以分为输运式真空泵和捕获式真空泵。其中输运式真空泵是通过压缩气体的办法来实现真空的，而捕获式真空泵则是通过气体分子在真空系统内部的凝聚、吸附方式实现真空的。输运式真空泵又细分为机械式气体输运泵和气流式气体输运泵，前者如旋片式机械真空泵（图 24-1）、罗茨泵以及涡轮分子泵，后者如油扩散泵等；捕获式真空泵包括低温吸附泵、溅射离子泵等。

本实验中用到的是旋片式机械真空泵和油扩散泵。它们的工作原理简述如下：

旋片式机械真空泵：其结构如图 24-1 所示，它的核心部分是装有偏心转子和划片的腔室，转子上划片把真空系统与外界分割开来，划片的高速旋转完成气体的隔离、压缩和排放工作。为了保证密封的严密和机械部件的润滑，上述部分都用专用油保护。这种泵通常是串联工作的，单级泵的极限真空度大约是 1 Pa，两级串联后可以达到 10^{-2} Pa，抽气速率是 1～300 L/s。

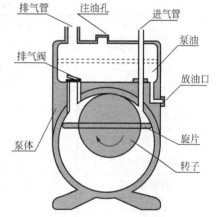

图 24-1　旋片式机械真空泵结构示意图

油扩散泵：油扩散泵的工作原理不同于机械式气体输运泵，其中没有转动和压缩部件。

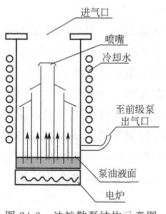

图 24-2　油扩散泵结构示意图

如图 24-2 所示，它的工作原理是通过电炉加热处于泵体下部的专用油，沸腾的油蒸气沿着伞形喷口高速向上喷射，遇到顶部阻碍后沿着外周向下喷射，此过程中与气体分子发生碰撞，使得气体分子向泵体下部运动进入前级真空泵。扩散泵泵体通过冷却水降温，运动到下部的油蒸气与冷的泵壁接触，又凝结为液体，循环蒸发。为了提高抽气效率，扩散泵通常由多级喷油口组成，这样的泵也称为多级扩散泵。扩散泵具有极高的抽气速率，通常可以达到 10^3～10^4 L/s，其极限真空度 10^{-5}～10^{-4} Pa，排气口压力 1～10 Pa。根据扩散泵的工作原理，可以知道扩散泵有效工作一定要有冷却水辅助，因此实验中一定要特别注意冷却水是否通畅和是否有足够的压力。另外，扩散泵油在较高的温度和压强下容易因氧化而失效，所以不能在低真空范围内开启油扩散泵。油扩散泵一个不容忽视的问题是扩散泵泵油反流进入真空腔室造成污染，对于清洁度要求高的材料的制备，这样的污染是致命的，所以现在的高端材料制备、分析设备都采用无油真空系统来避免油污染。

通常的真空系统不是只有一种真空泵在工作，而是由至少两级真空泵组成的。本实验中真空系统由两级构成，前级泵是旋片式机械真空泵，二级泵是油扩散泵。

3. 真空的测量

真空的测量就是对真空环境气压的测量，考虑到真空环境的特殊性，真空的准确测量是困难的，尤其是高真空和超高真空环境的测量。一般解决思路是先在真空中引入一定的物理现象，然后测量这个过程中与气体压强有关的某些物理量，最后根据特征量与压强的关系确定出压强。对于不是很高的真空，可以通过压强计直接测量，这样的真空计叫作初级真空计或者绝对真空计，中度以上真空需要间接测量，这样的真空计叫作次级真空计或者相对真空计。常用真空计及其测量范围见表 24-3。

表 24-3　常用真空计及其测量范围

真空计名称	测量范围/Torr	真空计名称	测量范围/Torr
水银 U 形真空计	$0.1 \sim 760$	高真空电离真空计	$10^{-7} \sim 10^{-3}$
油 U 形真空计	$0.01 \sim 100$	高压强电离真空计	$10^{-6} \sim 1$
光干涉油微压计	$10^{-4} \sim 10^{-2}$	B-A 超高真空电离计	$10^{-10} \sim 10^{-5}$
压缩真空计（一般型）	$10^{-5} \sim 10$	分离规、抑制规	$10^{-13} \sim 10^{-9}$
压缩真空计（特殊型）	$10^{-7} \sim 10$	宽量程电离真空计	$10^{-10} \sim 10^{-1}$
静态变形真空计	$1 \sim 760$	放射能电离真空计	$10^{-3} \sim 760$
薄膜真空计	$10^{-4} \sim 10$	冷阴极磁控放电真空计	$10^{-7} \sim 10^{-2}$
振膜真空计	$10^{-4} \sim 1000$	磁控管型放电真空计	$10^{-8} \sim 10^{-4}$
热传导真空计（一般型）	$10^{-3} \sim 1$	克努曾真空计	$10^{-7} \sim 10^{-3}$
热传导真空计（特殊型）	$10^{-3} \sim 1000$	分压强真空计	$10^{-5} \sim 10^{-3}$

本实验中用到的真空计是热电偶真空计和热阴极电离真空计，其又分别叫作热偶规和电离规，其结构如图 24-3 所示。它们的工作原理分别简述如下：

（1）热偶规　在热偶规中，热丝的温度由一个细小的热电偶测量。热电偶就是不同金属铰接构成的，当两个结构温度不同时，有温差电动势存在，也就是所谓的温差电效应。其测量过程是：在铂丝上加一定的电流，铂丝温度升高，热电偶出现温差电动势，它的大小可以通过毫伏计测量。如果加热电流是一定的，那么铂丝的平衡温度在一定的气压范围内取决于气体的压强，所以温差电动势也就取决于气体的压强。热电动势与压强的关系可以通过计算得出，形成一条校准曲线。考虑到不同气体的导热率不同，所以对于同一压强，温差电动势也是不同的（通常热偶规的校准气体是空气或者氮气）。热偶规热丝由于长期处于较高的温度，受到环境气体的作用，故容易老化，所以存在显著的零点漂移和灵敏度变化，需要经常校准。

（2）电离规　常见的电离规的结构非常类似于三极管。热阴极灯丝加热后发射热电子，栅状阳极具有较高的正电压。热电子在栅状阳极作用下加速并被阳极吸收。由于栅状阳极的特殊形状，除了一部分电子被吸收外，其他的电子流向带有负电的板状收集极，再返回阳极。也就是说部分电子要来回往返几次才能最终被阳极吸收。可以想象，在电子运动的过程中，一定会与气体分子碰撞并电离，电离的阳离子被收集极吸收并形成电流。电子电流 I_e、阳离子电流 I_i 与气体压强之间满足如下关系：

$$P = \frac{I_i}{KI_e}$$

由此可以确定出气压。对于很高真空度的情况，气体分子很稀薄，所以被电离的气体分子数目很小，因此需要配置微电流放大装置和灯丝稳流装置。电离规的线性指示区域是 $10^{-7} \sim 10^{-3}$ Torr。电离规是中高真空范围应用最广的真空计。低真空范围内，电离规的灯丝和阳极很容易被烧掉，所以一定要避免在低真空情况下使用电离规。

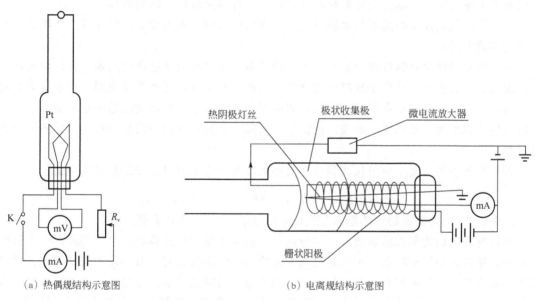

（a）热偶规结构示意图　　　　　　（b）电离规结构示意图

图 24-3　热偶规、电离规结构示意图

　　一般情况下应用广泛的是由热偶规和电离规组成的所谓"复合真空计"，它总的量程是 $10^{-7} \sim 10^{-1}$ Torr，其中 $10^{-3} \sim 10^{-1}$ Torr 由热偶规测量，而 $10^{-7} \sim 10^{-3}$ Torr 范围由电离规测量。

4. 真空蒸发原理

　　真空蒸发法就是把衬底材料放置到高真空室内，通过加热蒸发材料使之汽化或者升华，然后沉积到衬底表面而形成源物质薄膜的方法。

　　这种方法的特点是在高真空环境下成膜，可以有效防止薄膜的污染和氧化，有利于得到洁净、致密的薄膜，因此在电子、光学、磁学、半导体、无线电以及材料科学领域得到广泛的应用。

　　对于真空蒸发法而言，首先要明确成膜真空度范围，也就是说在允许的真空范围内，薄膜的生成是可能的。

　　根据相关理论，气体分子处于不停的热运动中，分子间存在频繁的碰撞。任意两次连续碰撞间一个分子自由运动的平均距离叫作分子平均自由程，它的表达式是：

$$\bar{\lambda} = \frac{kT}{\sqrt{2}\pi d^2 p}$$

式中，d、T、p 分别为分子直径、环境温度和气体压强。常温下，上式可以简化为（压强单位是 Torr）：

$$\bar{\lambda} = \frac{5 \times 10^{-5}}{p}(\text{m})$$

真空镀膜要求的必要条件是：从蒸发源出来的蒸气分子或者原子到达衬底材料的距离要小于真空室内残余气体分子的平均自由程。这个道理是显而易见的，因为：

（1）蒸发源物质的蒸气压可以达到或者超过残余气体压力，从而产生快速蒸发。

（2）蒸发源物质的蒸气分子与残余气体的碰撞机会减小，大多数可以直接到达衬底表面。这样的好处在于蒸发分子不与残余气体分子碰撞，保证形成的薄膜具有高的纯度，也利于蒸发分子保持较大的动能与衬底材料表面碰撞，有利于形成牢固的膜层。

（3）防止蒸发源在高温下与水蒸气或者与氧反应而破坏蒸发源，同时又减小热传导，不至于造成蒸发困难。

蒸发法制备薄膜材料过程中另外一个问题是蒸发速率与凝结速率的问题。任何物质在一定的温度下，总会有一些分子从凝聚态（液、固相）变成气相离开物质表面。对于真空室内的蒸发物质，当它与真空室温度相同时，则由部分气相分子因热运动而返回凝聚态，经过一定时间后达到平衡。所以说，薄膜的沉积过程实际上是物质气相与凝聚相相互转化的一个复杂过程。

理论分析表明，真空中单位面积洁净表面上发射的原子或者分子的蒸发速率是：

$$N_2 = 3.513 \times 10^{22} P_v (M/T)^{\frac{1}{2}} (\text{mol} \cdot \text{cm/s})$$

式中，P_v 为蒸发源物质的饱和蒸气压；M 为蒸气粒子的分子量。

到达衬底表面的蒸发源物质，一部分以一定的凝结系数形成薄膜，另一部分以一定的概率反射，重新回到气相状态。也就是说蒸发源物质凝结为薄膜时，有一定的凝结速率，这取决于蒸发速率、蒸发源相对衬底的位置和凝结系数。通常情况下，凝结速率的提高可以使得膜层结构均匀致密，机械强度增大，光散射减小，薄膜的纯度提高，但是也有不利的影响，那就是表面迁移率减小导致的薄膜内应力增大，薄膜龟裂脱离衬底。因此，薄膜制备过程中蒸发、凝结的速率应当保持在一个合理的范围内。

衬底温度也是一个需要认真考虑的工艺参数。衬底温度越高，吸附在其上的残余气体分子将排除得越干净，从而增加薄膜与衬底的附着力，提高机械强度和结构致密度；衬底温度提高，减小了与蒸发源物质再结晶温度的差异，从而消除薄膜内应力，改善膜层力学性质；衬底温度的提高也使得凝结的分子与残余气体反应加剧，对于特殊的材料而言，这种反应的充分是有益的；如果蒸镀的是金属材料，通常是采用冷衬底，目的在于避免存在的大尺寸晶粒对光的反射和氧化反应引起的光吸收，提高薄膜的反射率。

除了衬底，蒸发源材料也是重要的因素，这包括蒸发源材料的选择与形状。大多数情况下，蒸发源物质的蒸发温度为 1000～2000℃，所以蒸发源材料的熔点一定要大于这个值。为了减少蒸发源材料与蒸发源物质同时蒸发对薄膜造成的污染，通常选择高熔点的材料，如 W、Ta、Pt 等。另外，还需要考虑两者之间是否发生合金反应、两者是否浸润等等，如果蒸发源物质与蒸发源材料发生合金反应，那么容易造成蒸发源材料断裂而蒸发终止；如果两者不浸润，那么在选择蒸发源材料的形状时，一定要考虑选用舟状，线状容易导致蒸发源物质掉落。常见的蒸发源材料形状有螺线管状、半盒状、舟状、线状等等。

5. 真空蒸发薄膜制备的基本工艺流程

本实验是真空蒸发法在玻璃衬底上制备金属铝薄膜，其基本工艺流程如图 24-4 所示：

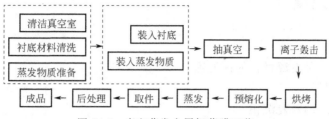

图 24-4　真空蒸发金属铝薄膜工艺

🐵 实验仪器

本实验的主要仪器是 DM-300B 型镀膜机，它由真空镀膜室、真空系统、提升机构和电气控制四部分组成。

（1）真空镀膜室　由钟罩、底板、蒸发源、离子轰击、烘烤装置、旋转机构组成。钟罩由不锈钢制成，钟罩前面和顶部各有一个观察窗，由硬质玻璃与真空橡胶连接保证真空密封。钟罩与提升机相连，可以在控制机构作用下上下移动。真空镀膜室的底板由碳钢制成，表面镀镉，底部与真空系统相通，底板上有各种电极和旋转机构。

（2）真空系统　真空系统是本设备的主体，其结构示意图如图 24-5 所示。本设备采用了 XK-150A 型真空系统，配有针形阀和测量仪表。机械泵放在装有橡胶垫的槽钢上。另外，在钟罩顶部安装有针形阀，可以控制钟罩内的真空度，以便进行离子轰击。

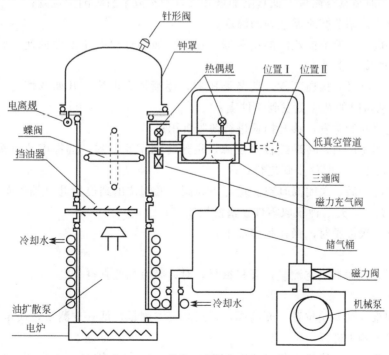

图 24-5　真空蒸发设备真空系统示意图

（3）提升机构　钟罩的升降采用电动，电动机经过一级带轮减速后，带动丝杠旋转，螺母连同立柱做升降运动，在最高、最低处有限位开关控制。

（4）电气控制　电气控制包括机械泵、扩散泵、轰击、蒸发、烘烤、工件旋转、钟罩升降控制和安全保护装置等等。

实验内容

（1）衬底材料、蒸发源材料的预处理。

（2）真空的测量。

（3）金属铝薄膜的蒸发沉积。

实验步骤

（1）衬底材料、蒸发源材料、物质的清洗处理。

（2）真空蒸发台的操作：

① 开总电源；

② 开磁力充气阀，对钟罩充气完毕关闭气阀，升起钟罩；

③ 安装蒸发源、蒸发物质及衬底材料；

④ 落下钟罩，开机械泵，低阀处于抽钟罩位置，接通低真空测量；

⑤ 机械泵对钟罩抽低真空至 1.3 Pa；

⑥ 接通轰击电路，调节针阀，使真空保持在 6～7 Pa；调节轰击调压器，进行离子轰击；约 20 min 后，将调压器调回零位，关闭针阀；

⑦ 接通冷却水，将低阀推到系统位置，开扩散泵加热 40 min 后，开高阀，待真空度超过 0.13 Pa 时接通高真空测量，低真空测量开关打到扩散泵前级测量位置；

⑧ 接通烘烤，调节好所需达到的温度；

⑨ 开工件旋转，调节前左门的调压器，在工件加热过程中使工件低速旋转，当蒸发时再调制所需要的旋转速度；

⑩ 选好蒸发电极，接通蒸发，调节调压器，逐渐加大电流，开始预熔化，用挡板挡住蒸发源，避免初熔时的杂质蒸发到工件上；

⑪ 加大电流开始蒸发，移开挡板进行薄膜沉积；

⑫ 沉积过程完成后，转动挡板蒸发源，迅速将调压器回零；选择电流分配器，使另一对电极工作，按照⑩～⑫的步骤进行；

⑬ 待工件冷却后，关闭高真空测量，关高阀，低阀拉出到位置Ⅱ（抽钟罩位置），停机械泵，对钟罩充气，开启钟罩取零件，清洗镀膜室；

⑭ 需要下一次镀膜时，操作程序如下：

a. 同③；

b. 关钟罩，接通低真空测量，开机械泵，对镀膜室抽低真空；

c. 同⑥；

d. 将低阀推至抽系统位置，开高阀，接通高真空测量，低真空测量转换至前级测量；

e. 按照⑧～⑬步进行。

⑮ 如果需要停止镀膜机工作，先关闭高真空测量，停扩散泵，关高阀，将低阀拉出至Ⅱ位置，停止机械泵，再对钟罩充气。再取出工件后，再将钟罩内工件清洗干净，落下钟

罩，开机械泵对钟罩抽低真空 3～5 min 后，停止机械泵，低真空磁力阀自动对机械泵充气，关好总电源，切断冷却水，全部工作结束。

实验注意事项

（1）镀膜工作进行 2～3 次后，必须及时清洗钟罩及镀膜室内零件，避免蒸发物质大量进入真空系统而损害真空性能；

（2）扩散泵连续工作时，落下钟罩后必须先对钟罩抽低真空，当达到 6～7 Pa 后再开高阀，绝对不容许直接抽高真空，以避免扩散泵油氧化；

（3）制备工作结束后，应首先切断高真空测量，再关闭高阀，然后充气以免电离规管损坏及扩散泵油氧化；

（4）中途突然停电，应立即切断高真空测量，再关闭高阀，低阀拉出到 Ⅱ 位置，来电后，待机械泵工作 2～3 min 后，再恢复正常工作；

（5）若真空度不正常，可以利用附件（管道盖板）将镀膜室底板上排气口盖住，试一下底板的真空性能是否正常，以缩小可疑点，正确找出原因；

（6）钟罩处于真空状态时，绝对不能提升钟罩，否则提升机构将损坏；

（7）充气完毕后，应将充气阀门立即关闭；

（8）各真空元件及仪表的维修保养参阅其说明书。

思考题

（1）真空的定义是什么？日常生活中哪些地方用了真空现象？
（2）估计 1 atm 在 1 m^2 面积上产生的压力是多少？
（3）什么是分子平均自由程？真空度越高，平均自由程越大还是越小？
（4）真空泵有哪些？实验中用到的真空泵的极限真空度是多少？
（5）真空蒸发法制备薄膜中，要得到优良的薄膜需要注意哪些问题？
（6）为什么选择钨丝作为蒸发源加热材料？用高纯度碳棒可以吗？为什么？

参考文献

[1] 高红，李庆绵. 真空蒸发镀膜膜厚影响因素的实验研究 [J]. 鞍山师范学院学报，2003，5（2）：40-42.
[2] 王希义. 真空蒸发镀膜 [J]. 物理实验，1997，17（5）：201-202.

实验二十五　溅射法制备薄膜虚拟仿真实验

✿ 背景介绍

溅射镀膜是一种重要的物理气相沉积技术，可用于制备包括金属、半导体及绝缘体在内的多种固态薄膜材料，且具有控制精度高、镀膜面积大和附着力强等优点，是集成电路制造工艺中的关键工序之一。该技术的学习对于各高校微电子科学与工程、材料相关专业学生的培养具有重要的意义。

然而，在大学阶段开展溅射法制备薄膜的教学却面临许多困难。作为大型、精密的半导体真空设备，溅射镀膜系统设备成本高（单台设备几十万到几百万）、实验耗时长（整套工艺流程往往需要一整天）、操作难度高（涉及工艺步骤较多，关键步骤顺序不能互换）、具有一定的危险性（存在高压气瓶及高电压），这使得学生学习时通常只能观看教师操作讲解视频，不利于学生熟练掌握设备原理及相关操作工艺流程，严重制约了这一实践教学项目的开展。为此，本项目依托"物理与电子省级重点建设实验示范中心""绍兴市微机电系统重点实验室"，以实验室磁控溅射设备为参考，虚实结合，自主研发了溅射法制备薄膜虚拟仿真实验项目。

该教学系统应用 3D 仿真技术构建了磁控溅射镀膜系统，仿真实现了溅射靶材与样品的更换、真空的获得与测量。为微电子、物理、材料等相关专业学生提供了灵活自由的在线实验学习环境，让学生能够随时随地开展实验，既使学生掌握了专业技能，又极大降低了实践实训过程中的难度和风险。

▤ 实验目的

（1）掌握溅射镀膜技术的基本原理、真空的获得与测量方法。

（2）熟悉磁控溅射镀膜设备，掌握溅射法制备薄膜的基本工艺步骤。

（3）掌握溅射法制备薄膜过程中各工艺参数对薄膜生长的影响机理，学会调控溅射工艺参数。

（4）针对一定的复杂问题，能通过团队合作开展分析、调研，寻求问题解决方法，探究实验方案，初步学会对实验进行设计、优化，具备新工科学生的综合创新实践能力。

❧ 实验原理

1. 溅射镀膜基本原理

溅射镀膜基本原理是利用高能离子对固体靶材表面轰击时产生的溅射现象。高能氩离子（Ar^+）撞击固体靶材，将动量传递给固体表面原子，最后使得部分靶表面的原子脱离固体表面出射。高能溅射离子都来源于气体的辉光放电，如图 25-1 所示。在真空度约为 $0.1\sim100\,Pa$（低真空）的稀薄气体（如 Ar）中，在两个电极间加上一定电压，稀薄气体将被击穿，形成等离子体，并产生辉光。当溅射靶材为阴极、衬底为阳极时，Ar^+ 将在电场的作用下加速并撞击处于阴极的靶材，将靶材表面的原子击出，然后沉积在衬底上形成薄膜。

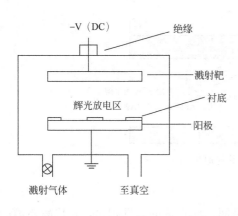
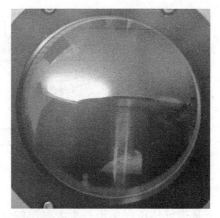

图 25-1　直流二极溅射原理及辉光示意图

2. 溅射成膜过程

溅射镀膜工艺是一种典型的物理气相沉积（PVD）技术。物理气相沉积过程一般可以分为三个阶段，即从原材料中发射出粒子、粒子在气相环境下输运及粒子入射到衬底表面成膜。

对于直流二极溅射，溅射靶为阴极（加负高压）、衬底为阳极（接地），辉光放电产生的氩离子在电场作用下加速撞击靶材，将靶材原子溅射出来，在真空中运动到达衬底表面，凝结成膜，如图 25-2 所示。

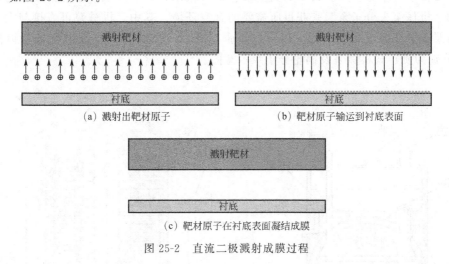

（a）溅射出靶材原子　　　　　　　（b）靶材原子输运到衬底表面

（c）靶材原子在衬底表面凝结成膜

图 25-2　直流二极溅射成膜过程

3. 射频溅射

直流二极溅射时，靶材必须是导体。对于绝缘体靶材，氩离子所带的正电荷将在靶材表面聚集而使得靶材电位升高，溅射不能持续，这极大地限制了其应用范围。射频溅射采用高频（13.56 MHz）的交流电源作用于靶材与衬底之间，利用电子与氩离子在电场力作用下的运动时差，实现对所有靶材的持续溅射。

4. 磁控溅射

普通溅射时，由于电子对氩原子的离化率较低（0.3％～0.5％），辉光放电产生的等离子体中，氩离子的含量较少，因而溅射出的靶材原子也少，导致沉积速率低。磁控溅射通过在靶表面上方引入磁场，使电子在正交电磁场下做轮摆运动，大幅提高气体的离化率（提升到 5％～6％），如图 25-3 所示。

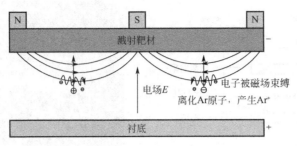

图 25-3　磁控溅射原理图

5. 真空的获得与测量

真空是指气体压强低于一个大气压的气体空间，同正常的大气相比，是比较稀薄的气体状态。按气体压强大小，可以分为粗真空（$1 \times 10^2 \sim 1 \times 10^5$ Pa）、低真空（$1 \times 10^{-1} \sim 1 \times 10^2$ Pa）、高真空（$1 \times 10^{-6} \sim 1 \times 10^{-1}$ Pa）及超高真空（$< 1 \times 10^{-6}$ Pa）四个等级。其中低真空环境下气体容易击穿导电，可用于溅射镀膜。溅射镀膜过程中，为保证薄膜的纯度，需要先将真空室的空气分子去除，获得高真空环境，然后通入高纯溅射气体至所需要的工作气压，再开启溅射。

真空的获得就是常说的"抽真空"，即利用各种真空泵将被抽容器中的气体抽出，使该空间的压强低于一个大气压。典型的真空泵包括机械泵、分子泵及冷泵等。在溅射系统中，一般采用"机械泵＋分子泵"来获得所需要的真空环境。其中，机械泵可直接与大气相通，作为前级泵；分子泵必须在 10 Pa 以下的压强下开启，需要与机械泵结合来获得高真空。图 25-4 分别为旋片式机械泵及涡轮分子泵示意图。

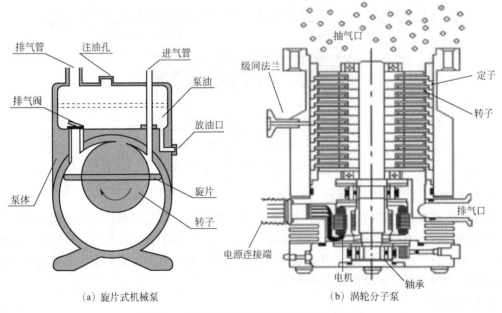

（a）旋片式机械泵　　　　　　　　　　（b）涡轮分子泵

图 25-4　旋片式机械泵及涡轮分子泵示意图

6. 设备结构认识

图 25-5 为溅射镀膜系统，系统可分为四个部分，从左至右依次为冷却循环水机、设备主

机、主控制柜及高压气瓶。而实验操作界面模拟出该系统的三维场景并进行虚拟仿真操作。

图 25-5　溅射镀膜系统

图 25-6 给出了设备主机部件及控制电源柜模块的位置和名称，设备主机主要包括真空腔室，腔室内的靶材及衬底，腔室下的机械泵、分子泵等关键部件；控制电源柜包括总电源开关、主控屏幕、溅射电源、分子泵电源、真空计、烘烤照明开关、气体流量计等模块。实验前需要详细了解设备结构，方便实验时进行操作。

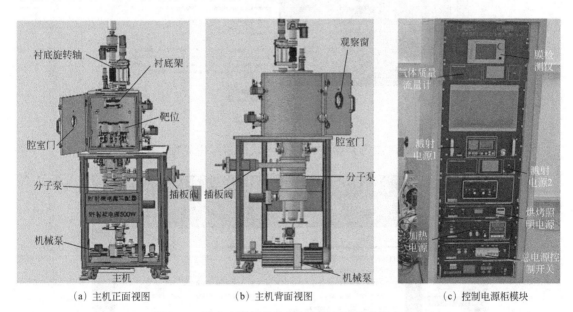

（a）主机正面视图　　　　　（b）主机背面视图　　　　（c）控制电源柜模块

图 25-6　设备主机部件及控制电源柜模块位置和名称

实验步骤

1. 课前预习

（1）注册登录。网址为 http://njsware.com:8099/JianSheFaZhiBei/。任意用户点击均可以点击"专家入口"登录仿真界面，如图 25-7 所示。

图 25-7　用户登录界面

（2）选择仿真软件。如图 25-8 所示，登录后，在平台主页界面点击"进入实验"。

图 25-8　进入实验界面

（3）进入软件学习界面。点击开始按钮，进入软件学习主界面，如图 25-9 所示。

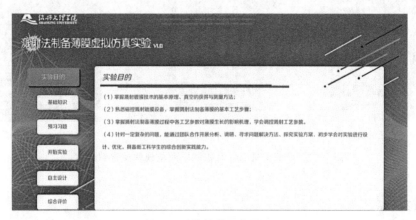

图 25-9　软件学习主界面

（4）基础知识学习。在软件界面中，点击"实验目的"，了解实验的目的与基本原理。

（5）完成预习闯关题。点击"预习习题"，系统将随机抽取 10 题作为预习闯关题，要求每位学生进行解答，记录预习得分。

2. 课堂实验

（1）进入虚拟实验界面。点击"开始实验"按钮，进入虚拟仿真实验界面，如图 25-10 所示。画面模拟实验室场景，包括溅射设备主机、控制电源柜、冷却循环水机、气瓶组及实验桌等。

图 25-10　虚拟仿真实验界面

（2）实验任务。点击屏幕右下角"任务"图标，弹出实验任务列表，如图 25-11 所示，根据任务列表引导按顺序完成实验任务。本实验设有"靶材与衬底的更换""真空的获得与测量"等任务模块，每个任务模块设有若干个操作步骤，需要按列表顺序进行虚拟实验操作，逐次完成相应的任务模块。

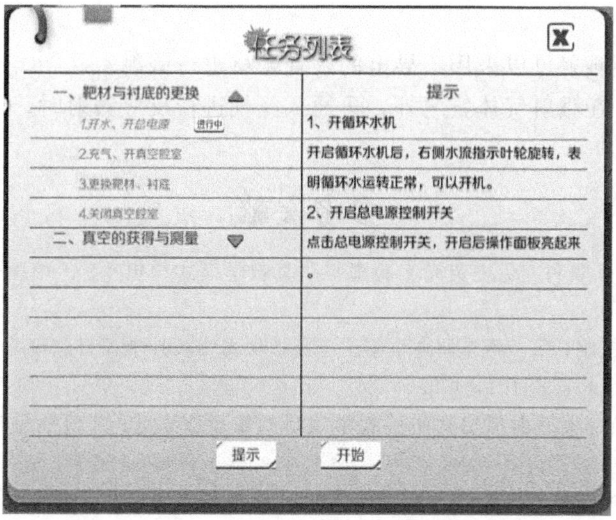

图 25-11　实验任务列表

（3）实验操作。点击屏幕右下角"操作"图标，弹出"操作提示"，如图 25-12 所示。按提示熟悉实验软件操作，完成视角切换。当下一步操作不知如何进行时，可点击屏幕右下角"提示"图标，获得操作提示。

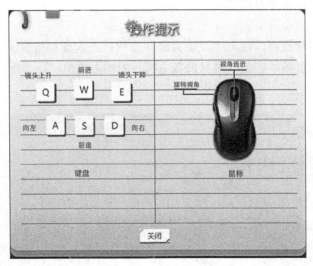

图 25-12　实验操作提示

实验注意事项

（1）为防止实验时温度过高损坏设备，开机时必须先开启循环冷却水，再开启设备总电源。

（2）分子泵不能直接接大气，必须在真空室压强小于 10 Pa 后再开启分子泵。

（3）通入溅射气体前，必须先关闭电离真空计，并将闸板阀关小（约 85%）。

（4）高压气瓶开启及关闭时，必须先开启（关闭）总阀，再开启（关闭）减压阀。

思考题

（1）为什么射频溅射可以采用不导电的陶瓷靶材进行溅射？

（2）当溅射时，在溅射气体氩之外，再通入氮气进行反应溅射时，监测到的薄膜厚度会如何变化？为什么？

参考文献

[1] 唐超智，刘庆荟，张顺利. 免疫荧光实验虚拟仿真教学模式构想 [J]. 中国免疫学杂志，2018，34（12）：1888-1890.

[2] 陈峰，韩晓英，杜玉晓，等. 汽车制造数字工厂虚拟仿真实验教学项目建设与实践 [J]. 实验室研究与探索，2020，39（4）：99-101，173.

[3] 卜新章. 全媒体融合报道虚拟仿真实验教学项目的建设探索 [J]. 实验室研究与探索，2019，38（11）：200-204.

[4] 李敏惠，冯军，邓峰美，等. 大叶性肺炎及其诊疗虚拟仿真实验项目建设 [J]. 实验技术与管理，2019，36（9）：96-99.

[5] 谭永胜，方泽波. 集成电路工艺实验 [M]. 成都：电子科技大学出版社，2014.

实验二十六　分子束外延法薄膜制备虚拟仿真实验

⚙ 背景介绍

　　分子束外延（英文缩写为"MBE"）作为一种高端制膜技术，可实现原子级精确可控的超薄单晶及量子结构的生长，是目前半导体薄膜的主要制备手段，推动了以超薄层微结构材料为基础的新一代半导体科学技术的发展，在集成电路产业中应用广泛，对微电子、物理、材料等专业学生的综合实践能力和创新意识的培养作用显著。

　　集成电路产业作为信息产业的基础和核心，推进集成电路产业发展现已上升为国家战略，未来对高端半导体薄膜制备人才的缺口极大，产业集聚和地方人才欠缺日趋显著。面向相关专业学生开设 MBE 法薄膜制备实验课程，让学生掌握高端的薄膜制备技术，对集成电路产业人才培养意义重大。

　　然而，MBE 设备价格昂贵，台套数少；制备中因需超高真空环境，实验条件苛刻，致使实验成本高、周期长；操作步骤严格，必须零失误。这些苛刻的因素致使该实验不适合大规模向学生开设。

　　为此，本书以"微电子省级新兴特色专业""物理学浙江省一流学科""物理与电子省重点建设实验示范中心""浙江省物理实验教学示范中心"为平台，利用浙江省高校高水平创新团队多年来的科研积淀，以实验室 MBE 实体设备为参考，自主开发了国内首个 MBE 法薄膜制备虚拟仿真实验教学系统。

　　该教学系统坚持"以学生为中心"的教学理念，采用了以任务驱动、问题引导、个体与团队考核相结合的闯关式教学方法。通过给定目标任务、关键性问题融入关卡，锁定教学目标，引导学生由简到繁、由易到难、层层深入、梯度通关。本实验项目为微电子、物理、材料等相关专业学生提供了灵活自由的在线实验学习环境，让学生能够随时随地开展实验，既使学生掌握了专业技能，又极大降低了实践实训过程中的难度和风险。

📖 实验目的

　　（1）通过项目学习、闯关晋级，了解薄膜制备途径，理解分子束外延基本原理，掌握高质量单晶薄膜的分析与制备方法。

　　（2）通过虚实操作、参数模拟，能正确使用设备，合理选择基底材料，规范进行操作，熟悉分子束外延法制备流程，掌握薄膜材料制备技术。

　　（3）通过打磨细节、虚拟增强，获得实验兴趣，开展深度学习，提升发现、分析和解决问题的能力，具备独立研发能力。

　　（4）通过问题聚焦、小组攻关，培养思维能力、沟通和协调能力，增强团队意识和敬业精神，提高个人综合素质。

🌱 实验原理

　　分子束外延是一种在晶体基片上生长高质量晶体薄膜的新技术。为实现高质量单层薄膜的外延生长，必须选择热膨胀系数接近、晶格相匹配的清洁基底，且必须在超高真空（接近 10^{-10} Torr）环境下进行生长，以保证基底表面清洁及源炉喷射出的原子以直线运动到达基底。为得到清洁基底且维持生长室的超高真空环境，MBE 设备通常配备进样室、预处理室、生长室三个腔室，利用进样室完成进样和取样，利用预处理室的 Ar^+ 轰击加高温退火循环处理完成基底的原位清洁，之后将具有单原子平整度的清洁基底通过传样杆传送到生长室（真空接近 10^{-10} Torr）进行分子束外延生长。

在具有超高真空的生长室中，用于生长的源材料分别放在不同的源炉内，通过加热源炉使它们的分子（原子）以一定的热运动速度和一定的束流强度喷射到清洁的基底表面上，与表面相互作用，进行单晶薄膜在原子尺度上的可控外延生长，如图 26-1（a）所示。分子束外延的生长过程是一个或多个热分子（原子）束与基底表面的反应过程，它涉及入射分子（原子）在基底表面的吸附、分解、迁移、结合、脱附等复杂过程，如图 26-1（b）所示，主要是受表面化学、表面反应控制的动力学过程。在给定温度下，沉积在基底表面原子的平衡浓度 n 与基底温度、源束流强度等参数有关，具体公式如下：

$$n = \frac{\omega p_0}{\sqrt{2\pi K_B T}} \exp\left(-\frac{E_d}{K_B T}\right)$$

式中，ω 为吸附原子振动频率；p_0 为源束流压强；E_d 为原子脱附能；T 为基底温度；K_B 为玻尔兹曼常数。通过控制基底温度、源束流强度、生长时间等参数可精确调控材料的生长，获得半导体超晶格、量子点、自组装分子薄膜等人工晶体材料。

扫描二维码
查看本图彩图

（a）分子（原子）束沉积过程示意图

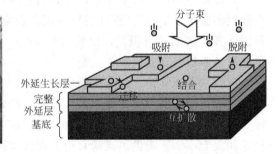

分子束

吸附　　　脱附

外延生长层——

完整
外延层
基底

迁移　　结合

互扩散

（b）分子（原子）束与基底表面反应过程示意图

图 26-1　MBE 制备薄膜

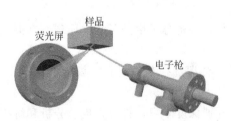

荧光屏　　样品

电子枪

图 26-2　反射高能电子衍射（RHEED）
系统结构图

薄膜生长过程中通常利用反射高能电子衍射（RHEED）对外延薄膜进行实时监测，RHEED 系统主要由高能电子枪、荧光屏构成，如图 26-2 所示。RHEED 电子枪发射的高能电子（10～30 keV）以掠入射角（小于 4°），经过衬底样品表面反射后再以掠入射角方式到达荧光屏，在荧光屏上形成衍射花样。由于掠入射角很小，电子垂直于样品表面的动量分量很小，又受到库仑场的散射，所以电子束的透入深度仅 1～2 个原子层，即 RHEED 所反映的完全是样品表面的结构信息。

⚙ 实验步骤

1. 注册登录

本实验需在虚拟仿真系统平台上完成。具体的登录方法请参见实验二十三的相关介绍，本处不再赘述。

2. 课堂实验

（1）基础性实验"单质 Sn 薄膜制备"模块。

点击主界面"单质 Sn 薄膜制备"的"实验介绍与要求""实验步骤"，明确此实验环节的具体目标、要求和步骤，在此基础上，点击"进入实验操作"。此实验环节共 8 个步骤，过程中穿插了 15 项任务和 5 个引导问题。

① 准备基底。在 2 项任务和 1 个引导问题引导下，完成基底准备环节，使学生明确薄膜生长对基底的选择规则，明确真空腔体中严禁带入任何会放气的物质，并掌握点焊固定样品的技术，见图 26-3。

图 26-3　基底点焊到样品拖上

② 进样。在 2 项任务和 1 个引导问题引导下，完成进样操作，使学生掌握通氮气的操作规范，掌握进样时样品的交接技巧及进样室抽真空的操作规范，如图 26-4 所示。

图 26-4　进样时通氮气及样品交接 3D 虚拟仿真界面

③ 基底原位清洁。在 2 项任务和 1 个引导问题引导下，将基底样品传到预处理室，利用 Ar^+ 轰击加退火循环处理，获得清洁的 InSb（111）基底表面。通过 3D 模拟，使学生理解基底清洁的微观机理，掌握样品传样交接技巧及基底清洁方法，如图 26-5、图 26-6 所示。

图 26-5　传样到预处理室 3D 虚拟仿真界面

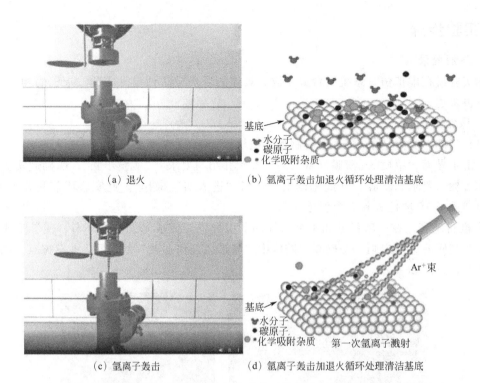

（a）退火　　　　　　　（b）氩离子轰击加退火循环处理清洁基底

基底
水分子
碳原子
化学吸附杂质

Ar⁺束

基底
水分子
碳原子
化学吸附杂质　　第一次氩离子溅射

（c）氩离子轰击　　　　　（d）氩离子轰击加退火循环处理清洁基底

图 26-6　Ar⁺ 轰击加退火处理 3D 虚拟仿真界面及杂质原子去除的微观过程演示

④ RHEED 监测基底。在 2 项任务和 1 个引导问题引导下，将 InSb（111）基底样品传到生长室，利用 RHEED 监测基底是否清洁干净，并判断基底表面结构，看衍射条纹图并能根据衍射条纹图随电子束入射角度演变规律判断材料表面结构，如图 26-7、图 26-8 所示。

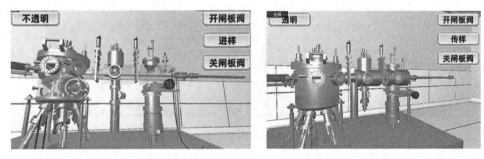

图 26-7　传样到生长室 3D 虚拟仿真界面

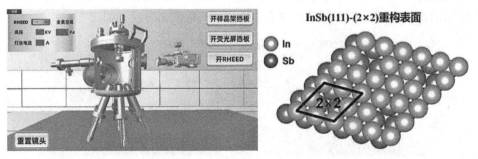

图 26-8　RHEED 监测基底是否处理干净的 3D 虚拟仿真界面及基底重构的结构示意图

⑤灌液氮。进入图 26-9 界面，系统会引导阅读液氮使用注意事项，告知给系统灌液氮的原因，在此基础上，完成灌液氮操作，要求密切观察生长室真空变化，如图 26-9 所示。

图 26-9　生长室灌液氮 3D 虚拟仿真界面及注意事项

⑥ Sn 源束流定标。通过任务设置和关键性问题引导，要求明确源束流定标前必须进行除气处理，以去除表面杂质，能正确选取除气温度和源束流定标温度。在此基础上，在图 26-10 界面中通过控制 Sn 源炉温度完成 Sn 源束流定标操作。

图 26-10　Sn 源束流定标 3D 虚拟仿真界面

⑦ Sn 薄膜生长。利用控制变量法结合 RHEED 原位监测研究以下两个内容：研究基底温度对外延 Sn 薄膜结构的影响规律；研究 Sn 源束流对外延 Sn 薄膜生长行为的影响规律。

测量 RHEED 条纹间距得到沿电子束入射方向 Sn 薄膜表面二维晶格的周期长度；分析 RHEED 条纹随电子束入射角度的演变（转动样品台实现），得到 Sn 薄膜表面二维结构；通过 RHEED 强度振荡原位实时监测 Sn 外延生长模式。实验过程中要求温度和束流参数选取合理，能反映 Sn 薄膜结构的整个演变过程。在实验报告中要求总结实验结果，并对实验结果进行讨论与分析，如图 26-11、图 26-12 所示。

⑧取样。在任务和引导问题引导下，在图 26-13 和图 26-14 界面中完成取样操作，掌握停止生长和取样操作规范。

取样结束后，系统将自动评分，并告知是否达到晋级资格，达到晋级资格后，可进入下一实验模块，否则重新开始此模块实验。

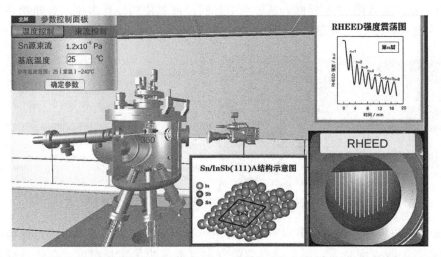

图 26-11　研究基底温度、Sn 源束流强度对 Sn 薄膜生长行为影响规律的 3D 虚拟仿真界面

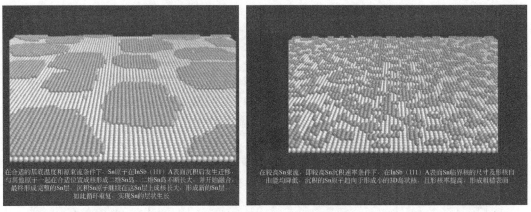

（a）Sn层状生长过程模拟　　　　　　　　（b）Sn 3D岛状生长过程模拟

图 26-12　Sn 层状和 3D 岛状微观生长过程动态模拟

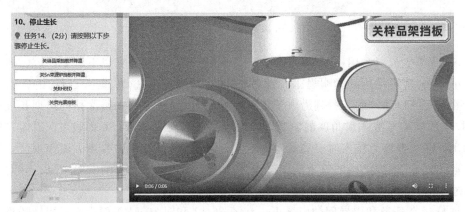

图 26-13　停止生长 3D 虚拟仿真界面

（2）自主设计 PbTe 薄膜制备方案。

此模块要求每个小组通过组内协作讨论，自主设计 MBE 制备 PbTe 薄膜的实验方案，

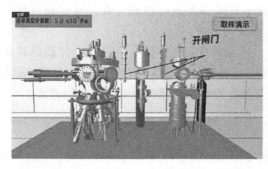

图 26-14　取样过程 3D 虚拟仿真界面

通过组间互评、教师点评、师生评议，优化实验设计过程，确定实验方案，最后系统虚拟仿真优化的实验方案。小组成绩认定为个人成绩。

① 各小组自主设计 PbTe 薄膜制备方案。学生以小组为单位，通过协作讨论，自主在系统给定的框架中设计实验制备方案，系统只给定步骤添加按钮，学生自主决定总步骤数，每步骤均可编辑文字，且字数不限。

② 系统自动测评设计方案步骤的完整性、逻辑性。完整性评价标准：每步通过设定关键词来评分，关键词正确即评定满分，跟关键词不符则酌情扣分。

逻辑性评价标准：分为关键性步骤顺序和非关键性步骤顺序。关键性步骤顺序是实体实验中绝对不允许交换的顺序，涉及"清洁、灌液氮、定标、生长"这四个步骤的顺序，一旦有前后顺序交换，会直接损坏设备或影响薄膜制备质量，这四个步骤的顺序错一个扣 10 分，其余六步（除了进样不算分）逻辑出错每个步骤扣 2 分。

③ 组间线上互评设计方案。每组需要评其他组的设计方案，对设计方案进行评分并撰写小组评语，具体的评分标准见表 26-1。

表 26-1　MBE 制备 PbTe 薄膜设计方案评价表

	评价内容	分值	得分
基底清洁	1. BaF_2 基底清洁处理采用的方法合适，实验参数选择恰当	10	
	2. 给出判定 BaF_2 基底清洁完全的方法	8	
源束流定标	1. Te、PbTe 分别进行束流定标前除气，Te 除气温度高于最高定标温度 2～5℃，PbTe 除气温度高于最高定标温度 5～10℃	10	
	2. Te 束流定标温度处于［150℃，220℃］区间内	10	
	3. PbTe 束流定标温度处于［450℃，600℃］区间内	10	
生长	1. 研究 Te/PbTe 束流比对 PbTe 薄膜生长行为影响规律中，选定的 BaF_2 基底生长温度处于［250℃，350℃］区间内，Te/PbTe 束流比在［0，0.5］区间内选取的束流比分布能反映整体规律，且有分析过程	20	
	2. 研究基底温度对 PbTe 薄膜生长行为影响规律中，选定的 Te/PbTe 束流比处于［0.2，0.4］区间内，BaF_2 基底生长温度在［250℃，350℃］区间内选取的温度分布能反映整体规律，且有分析过程	20	
	3. 利用 RHEED 原位监测 PbTe 薄膜生长行为，具体包括：（1）由条纹间距得到沿入射方向 PbTe 薄膜表面二维晶格的周期长度；（2）转动样品得到 PbTe 薄膜表面二维结构；（3）衍射图样得到 PbTe 薄膜表面形貌信息；（4）RHEED 强度振荡原位实时监测 PbTe 薄膜外延生长模式	12	
	总分	100	
评价建议			

④ 虚拟仿真优化的实验方案。系统对优化的实验方案进行虚拟仿真，在实验报告中总结 PbTe 薄膜的实验结果，并对实验结果进行讨论与分析。

PbTe 薄膜制备虚拟仿真实验方案结束后，可点击过程性评价查看设计性实验的具体得分情况。在用户中心，系统自动生成实验预习、基础性实验（超高真空获得和单质 Sn 薄膜制备）、设计性实验模块实验操作过程的总分及各实验模块具体可追溯的过程性评价。

💡 实验注意事项

（1）全程戴手套操作，避免用手直接接触放入真空腔体的物体（如样品托、基片材料、源材料等）。

（2）进取样时，给进样室通氮气气流不能过大，以免进样室中电离规灯丝移位。

（3）启动分子泵时要开循环水冷却，以免分子泵过热受损。

（4）灌液氮时确保生长室液氮阱的出气孔无堵塞，并做好个人防护。

（5）停分子泵之前必须先关分子泵与真空腔体间的闸板阀，否则会引起机械油泵中的油倒吸入真空腔体，造成不可逆的腔体污染。

✏️ 思考题

（1）基底一般切割成 1 cm×1 cm 的片状材料，进入真空腔体前需要将基底固定在样品拖上，能否用双面胶将基底固定在样品拖上？为什么？

（2）生长室真空已达到薄膜制备要求，在 Sn 薄膜制备前，需要先对 Sn 源束流进行定标，即对 Sn 源炉生长调控温度区间（600～700℃）内不同 Sn 源炉温度对应的 Sn 源束流压强进行标定。源材料在首次定标前，通常需要进行除气处理，以去除表面吸附杂质或表面氧化层。根据 Sn 的定标温度区间，思考 Sn 的除气温度应该如何选择？如何判断除气是否已完成？

参考文献

[1] 卜新章. 全媒体融合报道虚拟仿真实验教学项目的建设探索 [J]. 实验室研究与探索，2019，38（11）：200-204.

[2] 陈峰，韩晓英，杜玉晓，等. 汽车制造数字工厂虚拟仿真实验教学项目建设与实践 [J]. 实验室研究与探索，2020，39（4）：99-101，173.

[3] 唐超智，刘庆荟，张顺利. 免疫荧光实验虚拟仿真教学模式构想 [J]. 中国免疫学杂志，2018，34（12）：1888-1890.

[4] 李敏惠，冯军，邓峰美，等. 大叶性肺炎及其诊疗虚拟仿真实验项目建设 [J]. 实验技术与管理，2019，36（9）：96-99.

[5] 任友群. 走进新时代的中国教育信息化：《教育信息化 2.0 行动计划》解读之一 [J]. 电化教育研究，2018，39（6）：27-28，60.